氮化碳光催化材料
合成及应用

崔玉民　编著

- 光催化反应原理
- 光催化剂制备方法
- 光催化活性
- 光催化材料表征
- 光催化材料应用

中国书籍出版社
China Book Press

图书在版编目（CIP）数据

氮化碳光催化材料合成及应用/崔玉民编著 . —北京：
中国书籍出版社，2018.1
ISBN 978 - 7 - 5068 - 6649 - 1

Ⅰ.①氮…　Ⅱ.①崔…　Ⅲ.①光催化剂—合成材料—
研究　Ⅳ.①TQ426.99

中国版本图书馆 CIP 数据核字（2018）第 016515 号

氮化碳光催化材料合成及应用

崔玉民　编著

责任编辑	刘　娜	
责任印制	孙马飞　马　芝	
封面设计	中联华文	
出版发行	中国书籍出版社	
地　　址	北京市丰台区三路居路 97 号（邮编：100073）	
电　　话	（010）52257143（总编室）　　　（010）52257140（发行部）	
电子邮箱	eo@ chinabp. com. cn	
经　　销	全国新华书店	
印　　刷	三河市华东印刷有限公司	
开　　本	710 毫米 ×1000 毫米　1/16	
字　　数	181 千字	
印　　张	13.5	
版　　次	2018 年 3 月第 1 版　2018 年 3 月第 1 次印刷	
书　　号	ISBN 978 - 7 - 5068 - 6649 - 1	
定　　价	58. 00 元	

前　言

光催化技术是一种新兴高效节能现代绿色环保技术,光催化技术是在催化剂的作用下,利用光辐射将污染物分解为无毒或毒性较低的物质的过程。在众多的光催化剂之中,TiO_2 光催化剂以其催化性能优良、化学性能稳定、安全无毒、无副作用、使用寿命长等优点而被广泛使用。从 1972 年 Fujishima 和 Honda 发现受光照射的 TiO_2 微粒上可使水持续地发生氧化还原反应,到美国和西班牙研究者开发的悬浮 TiO_2 水处理系统;从微弱光下环境自净材料的研究和 TiO_2 双亲特性的发现,直到前不久日本学者通过 N 掺杂制备的激发波长在可见光范围内的催化剂,半导体光催化技术以其强氧化性和能利用太阳光等特点吸引着众多学者。当前,由于人们对引用水中微污染有机物和空气中挥发性有机物等的关注,以及持久性污染物和内分泌干扰物概念的提出,具有潜在应用价值的光催化技术更加成为环境保护、化学合成和新材料等领域的研究热点。该技术具有结构简单、操作条件容易控制、氧化能力强、无二次污染等优点。

本著作绪论阐述了氮化碳光催化材料国内外研究现状;第 1 章主要阐述氮化碳光催化材料光催化反应原理;第 2 章着重阐述氮化碳光催化剂制备方法;第 3 章讲述氮化碳光催化材料光催化活性;第 4 章讲述氮化碳光催化材料表征;第 5 章讲述氮化碳光催化材料应用。

本著作的编写,既参考了国内外有关光催化专著和文献资料,同时也融进了著者多年从事氮化碳光催化材料的科研成果。目前,国内关于氮化碳光催化方面的专著很少见,该著作既具有较高的理论参考价值,又有较为广泛的应用价值,它既可提供科研部门相关专业的科研人员作为学术研究参考,也可供高等院校相关专业的本科生和研究生作为教学用书或参考书。

由于作者的学识水平所限,书中难免有错误或不当之处,殷切期望读者给予批评和指正![本著作得到2016年度阜阳市政府–阜阳师范学院横向合作科研项目(XDHX2016017)、环境污染物降解与监测安徽省重点实验室专项经费、安徽高校省级自然科学研究重大项目(KJ2016SD46,KJ2017ZD28)、安徽省自然科学基金项目(1608085MB34)、阜阳师范学院应用化学实验实训中心(2014SYZX01)、特色教学研究项目:《依托省级重点实验室和省级特色专业构建创新型应用人才培养新模式》经费共同资助]

编著者:崔玉民

2017 年 9 月于阜阳师范学院

目　录
CONTENTS

绪　论

光催化技术作为一种"绿色"技术,其在治理水污染方面,有着与传统治理水污染技术不可比拟的很多的优点:(1)操作简便,耗能较低;(2)光催化反应一般在常温常压条件下就可进行,所需的反应条件温和,而且无机以及有机污染物能够被部分或者完全降解,从而使很多的环境污染物降解生成H_2O 和 CO_2,不会产生二次污染;(3)可以利用太阳光作为光源;(4)有些光催化剂成本低,低毒甚至无毒,稳定性高并且可以重复利用。光催化技术不仅可以用于处理水污染的问题,而且还可以用于处理大气污染、土壤污染、杀菌等多个方面,光催化技术显示出了极其广阔的应用价值[1-3]。氧化碳($g-C_3N_4$)以其光催化活性较高、稳定性好、原料价格便宜、尤其是不含金属这一突出优点,使它成为一种新型的光催化剂[4],但是,单一相催化剂通常因量子效率较低而使其光催化性能表现得不够理想[5]。体相 $g-C_3N_4$ 材料光生电子-空穴复合率较高,导致其催化效能较低[6],限制了它在光催化方面的应用。为了提高 $g-C_3N_4$ 的催化活性,最近几年来,人们研究了很多改性方法。对 $g-C_3N_4$ 进行改性的非金属元素包括 S、N、C、B、F、P 等,一般认为这些非金属元素取代了 3-s-三嗪结构单元中的 C、N、H 元素,从而形成 $g-C_3N_4$ 晶格缺陷使得光生电子-空穴对得到有效分离,有效提高其光催化性能。Zhang 等[7]将双氰胺与 BmimPF6(离子液体)混合,经过高温煅烧后得到 P 掺杂 $g-C_3N_4$ 催化剂,经 XPS 分析表明 P 元素取代了结构单元中的 C 元素,少量 P 掺杂虽然不能改变 $g-C_3N_4$ 的结构,但是,其明显改变了 g-C₃

1

N_4 的电子结构,光生电流也明显高于没掺杂 $g-C_3N_4$。Yan 等[8] 采用加热分解三聚氰胺与氧化硼的混合物制备了 B 掺杂 $g-C_3N_4$,经过 XPS 光谱分析表明 B 取代了 $g-C_3N_4$ 结构中的 H,光催化降解染料研究表明 B 掺杂同时提高了催化剂对光的吸收,因此,罗丹明 B 光催化降解效率也得到提高。Liu 等[9] 将 $g-C_3N_4$ 在 H_2S 气氛里于 450℃ 煅烧制备了具有独特电子结构 S 元素掺杂 $g-C_3N_4$ 的 CNS 催化剂,XPS 分析显示 S 取代了 $g-C_3N_4$ 结构中的 N 元素。当 $\lambda > 300$ 及 420nm 时 S 掺杂 $g-C_3N_4$ 光催化分解水产氢催化效率分别比单一 $g-C_3N_4$ 提高 7.2 和 8.0 倍。Wang 等[10] 报道了 B、F 掺杂 $g-C_3N_4$ 研究,他们用 NH_4F 作为 F 源与 DCDA 制得 F 元素掺杂 $g-C_3N_4$ 催化剂(CNF)。其研究结果表明 F 元素已掺入 $g-C_3N_4$ 的骨架中,形成了 C—F 键,使其中一部分 sp^2C 转化为 sp^3C,从而导致 $g-C_3N_4$ 平面结构不规整。另外,随着 F 元素掺杂数量增多,CNF 在可见光区域内的吸收范围也随之扩大,而其对应的带隙能由 2.69eV 降到 2.63eV。后来,他们又用 BH_3NH_3 作为硼源制备 B 元素掺杂的 $g-C_3N_4$ 催化剂(CNB)[11],对其表征发现 B 元素掺入取代了 $g-C_3N_4$ 结构单元中的 C 元素。Lin 等[12] 采用四苯硼钠作为 B 源,在掺入 B 的同时,又因苯离去基团的作用使得 $g-C_3N_4$ 形成薄层结构,其层的厚度为 2~5nm,降低了光生电子到达催化剂表面所需要消耗的能量,因此提高光催化效率。

金属元素掺杂也是改变 $g-C_3N_4$ 电子能带结构的重要手段。Pan 等[13] 通过第一性原理计算预测金属原子(Pd、Pt 等)可以插入 $g-C_3N_4$ 纳米管中,有效改善 $g-C_3N_4$ 的光生载流子迁移率、降低其能带隙,并进一步扩大 $g-C_3N_4$ 对可见光的吸收响应范围。由于 $g-C_3N_4$ 中带负电的 N 原子可以和阳离子相互作用,故 $g-C_3N_4$ 具有捕捉阳离子的能力,这有助于金属离子掺入 $g-C_3N_4$ 的骨架中[14]。Wang 等[15] 以二聚氰胺和 $FeCl_3$ 为原料,通过热缩聚法合成了 Fe^{3+} 掺杂的 $g-C_3N_4$。Fe^{3+} 掺杂能够降低 $g-C_3N_4$ 的能带隙,并扩大 $g-C_3N_4$ 对可见光的吸收范围,将该光催化剂用于可见光活化 H_2O_2 矿化罗丹明 B 的光催化反应,催化效果显著。在此基础上,Ding 课题组[16] 也研究证实 Fe^{3+}、Mn^{3+}、Co^{3+}、Ni^{3+} 和 Cu^{2+} 等过渡金属离子掺入 $g-C_3N_4$ 的骨架中能够扩大其对可见光的吸收范围并有效抑制光生电子 – 空穴的复合。碱金属钠因具有活泼的化学性质而被广泛运用于催化反应中[17-19]。用 Na^+ 离子修饰催化剂能显著提高甲醇氧化反应中催化剂催化性能[19]。正是由于钠对光催化性能的影响,吸引了大量研究者对钠离子在钛酸盐纳米管的形态、结构和光催化活性等方面的研究[20-22]。Bern 等人发现 $Na^+ \rightarrow H^+$ 的替代导致了钛酸纳米管层间距离的缩短,而且 Na^+ 浓度强烈影响了样品的光学性质和带隙能[20];Qamar 认为钠离子在结构稳定性方面起着至关重要的作用[21];Turki 认为钠主要影响钛酸盐经缓慢脱水转变为锐钛矿的结构转变过程[22]。

石墨相氮化碳作为一种新型的光催化剂,虽然其在紫外光和可见光激发作用下具有较好的光催化活性,但是,石墨相氮化碳与其他光催化材料之间进行改性依然存在较多关键的科学技术问题,这将抑制其工业化推广应用,将需要从三个方面进一步深入研究:(1)继续采用多种手段共同改性 $g – C_3N_4$ 光催化剂。例如,将共聚合法与纳米结构调控相结合,一方面可以优化材料的化学组成和调控其半导体能带结构,另一方面可以控制材料的纳米结构和表面形貌,改善多项光催化反应中的动力学过程;(2)进一步拓展 $g – C_3N_4$ 在光催化领域,特别是在有机选择性光合成和 CO_2 光催化还原中的应用。$g – C_3N_4$ 独特的半导体能带结构和有机半导体的材料特性,使其非常适合作为光催化剂应用于有机官能团的选择性转化和 CO_2 的还原固定;(3)$g – C_3N_4$ 光催化全解水的研究。理论计算和实验研究表明,$g – C_3N_4$ 具有合适的导带和价带,可以作为全解水的光催化剂。因此,筛选和设计合适的产氢、产氧助催化剂对 $g – C_3N_4$ 进行表面修饰,优化化学反应动力学过程,有望实现 $g – C_3N_4$ 的光催化全解水。

参考文献

[1]黄娟茹,明伟,崔忠. TiO_2 光催化剂掺杂改性的研究进展[J].工业催化,2007,15(1):1 – 7.

[2]Herman J M,Disdier J,Pichat P,et al. TiO_2 – based Solar Photocatalytic

Detoxificationof Watet Containing Organic Pollutants. Case Studies of 2,4 - dichlorophenoxyaceticacid(2 - 4 - D)and of Benzofuran[J]. Appl. Catal. B:Environ,1998,17:15 - 19.

[3]桂明生,王鹏飞,杨易坤,等. $Bi_2WO_6/g - C_3N_4$ 复合型催化剂的制备及其可见光光催化性能[J].化工新型材料,2013,41(11):2057 - 2064.

[4]田海峰,宋立民. $g - C_3N_4$ 光催化剂研究进展[J].天津工业大学学报,2012,36(6):55 - 59.

[5]桂明生,王鹏飞,袁东,等. $Bi_2WO_6/g - C_3N_4$ 复合型催化剂的制备及其可见光光催化性能[J].无机化学学报,2013,29(10):2057 - 2064.

[6]崔玉民,张文保,苗慧,等. $g - C_3N_4/TiO_2$ 复合光催化剂的制备及其性能研究[J].应用化工,2014,43(8):1396 - 1398.

[7]Zhang Y,Mori T,Ye J,et al. Phosphorus - Doped Carbon Nitride Solid: Enhanced Electrical Conductivity and Photocurrent Generation[J]. Journal of the American Chemical Society,2010,132(18):6294 - 6295.

[8]Yan S C,Li Z S,Zou Z G. Photodegradation of Rhodamine B and Methyl Orange over Boron-Doped $g - C_3N_4$ under Visible Light Irradiation[J]. Langmuir, 2010,26(6):3894 - 3901.

[9]Liu G,Niu P,Sun C,et al. Unique Electronic Structure Induced High Photoreactivity of Sulfur - Doped Graphitic C3N4[J]. Journal of the A - merican Chemical Society,2010,132(33):11642 - 11648.

[10]Wang Y,Di Y,Antonietti M,et al. Excellent Visible - Light Photocatalysis of Fluorinated Polymeric Carbon Nitride Solids[J]. Chemistry of Materials, 2010,22(18):5119 - 5121.

[11]Wang Y,Li H,Yao J,et al. Synthesis of boron doped polymeric carbon nitride solids and their use as metal - free catalysts for aliphatic C—H bond oxidation[J]. Chemical Science,2011,2(3):446 - 450.

[12]Lin Z,Wang X. Nanostructure engineering and doping of conjugated carbon nitride semiconductors for hydrogen photosynthesis[J]. Angewandte Che-

mie International Edition,2013,52(6):1735 – 1738.

[13]Pan H,Zhang Y,Shenoy V B,Gao H. ACS Catalysis,2011,1:99.

[14]Gao H,Yan S,Wang J,Zou Z. Dalton Trans,2014,43:8178.

[15]Wang X,Chen X,Thomas A,Fu X,Antonietti M. Adv. Mater,2009,21:1609.

[16]Ding Z,Chen X,Antonietti M,Wang X. ChemSusChem,2011,4:274.

[17]Jiang Jian,Lu Guangzhong,Miao Changxi,et al. Catalytic performance of X molecular sieve modified by alkali metal ions for the side – chain alkylation of toluene with methanol. [J]. Microporous and Mesoporous Materials,2013,167:213 – 220.

[18]Yentekakis I V,Tellou V,Botzolaki G,et al. A comparative study of the C_3H_6 + NO + O_2, C_3H_6 + O_2 and NO + O_2 reactions in excess oxygen over Na – modified Pt/γ – Al_2O_3 catalysts. [J]. Applied Catalysis B:Environmental,2015,56(3):229 – 239.

[19]Chen Ying,He Junhui,Tian Hua,et al. Enhanced formaldehyde oxidation on Pt/MnO_2 catalysts modified with alkali metal salts. [J]. Journal of Colloid and Interface Science,2014,428(15):1 – 7.

[20]Bern V,Neves M C,Nunes M R,et al. Influence of the sodium/proton replacement on the structural,morphological and photocatalytic properties of titanate nanotubes. [J]. Journal of Photochemistry and Photobiology A:Chemistry,2013,232(15):50 – 56.

[21]Qamar M,Yoon C R,Oh H J,et al. Preparation and photocatalytic activity of nanotubes obtained from titanium dioxide. [J]. Catalysis Today,2012,131:3 – 14.

[22]Turki A,Kochkar H,Guillard C,et al. Effect of Na content and thermal treatment of titanate nanotubes on the photocatalytic degradation of formic acid. [J]. Applied Catalysis B:Environmental,2013,138 – 139:401 – 415.

第1章

氮化碳的结构及其光催化反应原理

半导体光催化反应,指半导体材料吸收外界辐射光,能激发产生导带电子(e^-)和价带空穴(h^+),与吸附在催化剂表面上的物质发生一系列化学反应。因为半导体光催化反应涉及光化学、半导体催化原理,因此,在讲述半导体光催化反应原理之前,首先要介绍光化学原理、半导体光催化原理等基本知识。

§1.1　氮化碳的结构和性质

1.1.1　$g - C_3N_4$的分子结构

根据 $g - C_3N_4$ 的分子结构理论,在氮化碳的 5 种相结构($\beta - g - C_3N_4$、$\alpha - g - C_3N_4$、$c - g - C_3N_4$、$pc - g - C_3N_4$ 和 $g - C_3N_4$)中,预计 $g - C_3N_4$ 在常温常压下最稳定,并且,$g - C_3N_4$ 的结合能最低。就目前实验条件来说,研究人员仅能制备石墨型氮化碳,而对于其他相制备结果,仍存在许多争议[1]。顾名思义,因为石墨型氮化碳具有类似于石墨的层状结构,故取名于石墨型氮化碳,其层间距为 0.326 nm。但是,对于 $g - C_3N_4$ 的基本结构单元来说,又存在 triazine 和 tri-s-triazine 两种争论,如图 1 – 1 所示[2]。Kroke 等[2]根据密度泛函理论(DFT)计算发现 tri-s-triazine 的结合能比 triazine 的结合能小

30kJ/mol,且结构更稳定,因此,一般认为 tri-s-triazine 为 g－C₃N₄的基本结构单元。

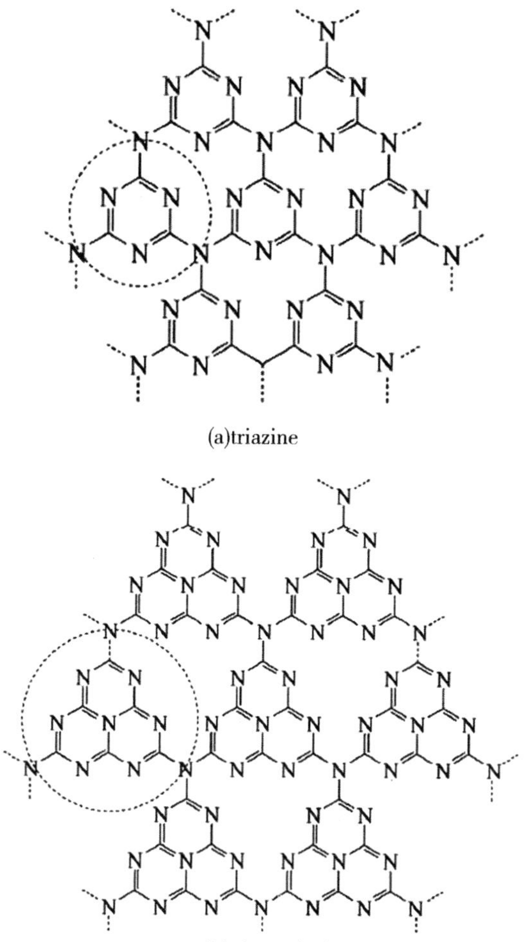

(a)triazine

(b)tri－s－triazine

图 1－1　g－C₃N₄的两种可能的结构单元组成

近年来,因聚合物半导体石墨相氮化碳(g－C₃N₄,图 1－2)具有独特的半导体能带结构和优异的化学稳定性,并被作为一种不含金属组分的可见光光催化剂引入光催化领域,引起人们的广泛兴趣[3-5],常用于光催化有机合成、光解水产氢、光催化降解有机污染物等。由于 g－C₃N₄既廉价稳定、符合研究人员对光催化剂的基本要求,同时又具备聚合物半导体的化学组成和能带结构易调控等特点,目前被公认是光催化研究领域尤其是光催化材料领域值得深入研究的主要方向之一[6]。

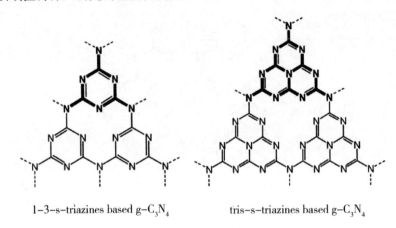

1-3-s-triazines based g-C$_3$N$_4$ tris-s-triazines based g-C$_3$N$_4$

图 1 – 2 g – C$_3$N$_4$两种可能的化学结构

1.1.2 g – C$_3$N$_4$的理化性质

氮化碳独特的分子结构决定了其特殊的理化性能,不同物相的氮化碳,其理化性能各不相同,范乾靖等[1]报道了石墨相氮化碳的理化性质。g – C$_3$N$_4$的结构与石墨具有相似性,其层与层之间的范德华力,导致其具有良好的化学稳定性和热稳定性。主要表现在空气中将 g – C$_3$N$_4$加热至600℃也不分解,g – C$_3$N$_4$不溶于水、丙酮、乙醇、N,N – 二甲基甲酰胺和二氯化碳等常见的无机及有机溶剂。另外,g – C$_3$N$_4$还同时具有耐强酸和强碱的能力,其在 HCl 溶液(pH = 1)和 NaOH 溶液(pH = 14)中依然稳定存在[7]。此外,因 g – C$_3$N$_4$具有优良光电特性,常被用作半导体材料[8]。氮化碳固体带宽为 2.7eV,其对紫外可见光的吸收波长约在 420nm。制备条件不同,包括反应前体的选择、煅烧温度的控制等,对氮化碳的截止吸收波长稍有影响。g – C$_3$N$_4$能产生蓝色荧光,其最强荧光峰为 470nm,荧光寿命在 1 ~ 5ns 范围内。因 g – C$_3$N$_4$具有半导体特性,而成为具有新型太阳能转换材料的潜力,例如,做光电化学电池材料等。g－C_3N_4 与 TiO_2 的价带和导带位置的对比如图 1－3 所示[9]。图 1－3 显示 g－C_3N_4 的价带和导带的位置完全覆盖了水的氧化－还原电位,所以,从理论上讲,g－C_3N_4 不仅可以还原水制得氢气,又可以氧化水制得氧气。

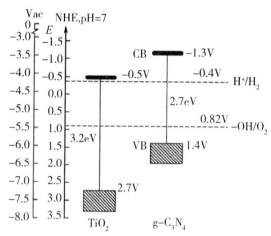

图 1－3　g－C_3N_4 和 TiO_2 的电子带隙结构对比图

实际来讲,人工合成理论预测 g－C_3N_4 的结构,依然为一项巨大挑战。到目前为止,在实验室中制备的 g－C_3N_4 与理想的无限延伸的网状 g－C_3N_4 相比,仍有一定差距,许多的结构缺陷依然存在,并含有一定量数的氢。但是,这种缺陷又恰好使 g－C_3N_4 的结构边缘含有氨基,因而具有更高的活性,因此,研究人员把研究侧重点由制备转移到了 g－C_3N_4 的应用上。然而,就目前来说,氮化碳研究的重点课题是探索具有理想结构氮化碳的合成路线。

§1.2　光化学基本原理

1.2.1　光化学反应

(1)第一个光化学定律——只有被吸收的光才对光化学过程是有效的,

这是 Grotthus 和 Draper 于 19 世纪总结的第一个光化学定律。

(2)光化学反应过程[10]

分子、原子、自由基或离子吸收光子而发生的化学反应,称为光化学反应。化学物种吸收光量子后,可产生光化学反应的初级过程和次级过程。

初级过程包括化学物种吸收光量子形成激发态物种,其基本步骤为:

$$A + hv \rightarrow A^*$$

式中:A^* 为物种 A 的激发态;hv 为光量子。

随后,激发态 A^* 可能发生如下几种反应:

$$A^* \quad A + hv \tag{1-1}$$

$$A^* + M \rightarrow A + M \tag{1-2}$$

$$A^* \rightarrow B_1 + B_2 + \cdots \tag{1-3}$$

$$A^* + C \rightarrow D_1 + D_2 + \cdots \tag{1-4}$$

式(1-1)为辐射跃迁,即激发态物种通过辐射荧光或磷光而失活。式(1-2)为无辐射跃迁,亦即碰撞失活。激发态物种通过与其他分子 M 碰撞,将能量传递给 M,本身又回到基态。以上两种过程均为光物理过程。式(1-3)为光离解,即激发态物种离解成为两个或两个以上新的物种。式(1-4)为 A^* 与其他分子反应生成新的物种。这两种过程均为光化学过程。

次级过程是指在初级过程中反应物、生成物之间进一步发生的反应。如氯化氢的光化学反应过程:

$$HCl + hv \rightarrow H + Cl \tag{1-5}$$

$$H + HCl \rightarrow H_2 + Cl \tag{1-6}$$

$$Cl + Cl + M \rightarrow M + Cl_2 \tag{1-7}$$

式(1-5)为初级过程。式(1-6)为初级过程产生的 H 与 HCl 反应。式(1-7)为初级过程产生的 Cl 之间的反应,该反应必须有其他物种如 O_2 或 N_2 等存在下才能发生,式中用 M 表示。式(1-6)和式(1-7)均属次级过程,这些过程大都是放热反应。

根据光化学第一定律,首先,只有当激发态分子的能量足够使分子内的化学键断裂时,亦即光子的能量大于化学键能时,才能引起光离解反应。其次,为使分子产生有效的光化学反应,光还必须被所作用的分子吸收,即分子对某种特定波长的光要有特征吸收光谱,才能产生光化学反应。

(3)光化当量定律——一个分子吸收一个光子而被活化,或者说分子吸收光的过程是单光子过程。它也被称为 Einstein 定律。这个定律基础是电子激发态分子的寿命很短,约为 10^{-8} s,在这样短的时间内,辐射强度比较弱的情况下,再吸收第二个光子的概率很小。当然若光很强,如高通量光子流的激光,即使在如此短的时间内,也可以产生多光子吸收现象,这时 Einstein 定律就不适用了。

1.2.2 电子跃迁[11,12]

分子吸收光子,电子跃迁至高能态,产生电子激发态分子。现在需要知道的是,电子被激发至何能态以及激发态分子的能量为何?

电子跃迁时分子的重度 M(multiplicity)起重要作用,按定义 M = 2S + 1,S 为分子中电子的总自旋量子数,M 代表分子中电子的总自旋角动量在 z 方向上的分量的可能值。如果分子中电子自旋都是成对的,S = 0,因此,M = 1,这种状态被称为单线态(singlet state)或 S 态。对大多数分子(O_2 及 S_2 例外),特别是对绝大多数的有机化合物分子而言,基态分子中电子自旋是成对的,因此分子的基态大多数为单线态或 S 态(以 S_0 表示之)。

在考虑电子跃迁时,我们只考虑激发时涉及的那一对电子,假设其他电子状态在激发时不变,这样就将出现两种可能的情况:

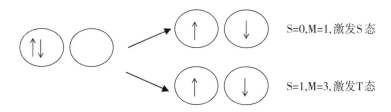

如果被激发至空轨道的电子的自旋与原先在基态轨道的方向相同,则激发态的 S = 0,M = 1,此种电子激发态仍属 S 态,按其能量的高低可以以 S_1,S_2,…表示之。如果受激电子的自旋方向与原在基态的相反,产生了在两

个轨道中的自旋方向平行的两个电子,则 S = 1,M = 3,此种态被称作三线态(triplet state)。因为在磁场中,分子中电子的总自旋角动量在磁场方向可以有三个不同值的分量,因此,三线态是三度简并的态,以 T 表示,按能量高低可有 T_1,T_2,…激发 T 态。

由于在三线态中,两个处于不同轨道的电子的自旋平行,两个电子轨道在空间的交盖较少,电子的平均间距变长,因而相互排斥的作用降低,所以 T 态的能量总比相应的 S 态为低(图 1 - 4)。

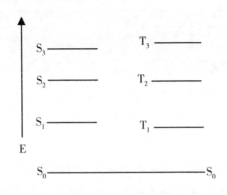

图 1 - 4　电子跃迁能级图

电子跃迁光谱的谱带的位置决定于电子在 n 和 m 两态间跃迁的能量差,即 $\Delta E = E_m - E_n$,$m > n$,而谱带的强度则与许多因素有关。

光谱带的强度不同是由于电子的跃迁概率不同。高强度谱带有大的跃迁概率,这种跃迁被称为是允许的(allowed);强度弱的谱带的跃迁概率小,这种跃迁被称为是禁阻的(forbidden)。

和其他光谱一样,在电子光谱中从理论和实验结果可以得出一些选择定则(selectionrules),它告知何种跃迁是禁阻的,何者为允许的。

1.2.3　选择定则[13,14]

一种电子跃迁是允许的还是禁阻的决定于跃迁过程中分子的几何形状和动量是否改变、电子的自旋是否改变、描述分子轨道的波涵数是否对称以及轨道空间重叠程度。

（1）Franck – Condon 原理

分子中的电子跃迁时伴随有转动和振动能级的变化,这种变化构成了吸收光谱的振动精细结构。与电子跃迁不同,从分子中的一个电子态至另一个电子态时,对振动能级的变化没有选则,因而从基态 S_0 的 $v=0$ 振动能级至 S_1 态中任何一个振动能级的跃迁均为可能,但是振动精细结构中各谱线的相对强度都可以由 Franck – Condon 原则来决定。

用双原子分子的光谱最容易说明 Franck – Condon 原则,它可以推广至多原子分子的情况。

Franck – Condon 原则认为:相对于双原子分子的振动周期(约为 10^{-13} s)而言,电子跃迁所需的时间是极短的(约为 10^{-15} s)。因此,在电子跃迁的瞬间内,核间距和速度都可以是固定不变的。

图 1 – 5 给出了双原子分子的基态和第一激发态的势能曲线,横坐标为核间距,纵坐标为势能。由于激发态比基态的稳定性差,因此激发态的势能曲线一般都位于基态的右上方;而且,电子被激发时跃迁至推斥的反键轨道,所以激发态的势能曲线一而言均向大的核间距方向偏移。按照 Franck – Condon 原则,分子被由基态激发至第一激发态时,必然沿着垂直于核间距坐标的线跃迁(图 1 – 5 中箭头所示方向),这种跃迁可称为 Franck – Condon 跃迁。

图 1 – 5（a）中电子激发态的平衡核间距与基态的相似。根据 Franck – Condon 原则,只有从基态的 $v=0$ 振动能级至激发态的 $v'=0$ 振动能级的跃迁（0→0 跃迁）概率最大;由于从基态的 $v=0$ 至激发态的 $v'=1,2,\cdots$ 振动能级跃迁时,核间距要依次发生相当的变化,所以,在这种情况下,振动谱线以 0→0 跃迁的强度最大。在图 1 – 5（b）中,根据 Franck – Condon 原则可以预言,不是 0→0 跃迁,而是 01 跃迁谱线的强度最大[图 1 – 5 中（e）]。有时激发态的平衡核间距位移如此之大,以致由基态 $v=0$ 出发的 Franck – Condon 跃迁与激发态势能曲线相交于离解渐进线之上[图 1 – 5 中（c）]。这是因为电子被激发后,分子应立即进行振动,此时原子间已无回收力,因而分子立即离解为原子。在这种情况下,向渐进线以下的不连续跃迁虽然是可能的,

但强度不大[图1-5中(f),0→m,0→m-1等];向渐进线以上的跃迁由于没有量子化条件的限制(能量不是分立的),而呈现为连续的吸收谱。这时电子跃迁导致分子的离解,至少离解产物之一处于激发态。

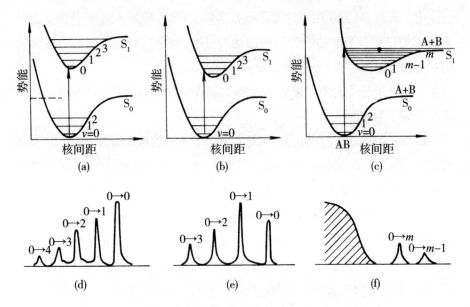

图1-5 双原子分子电子跃迁势能曲线相应的振动精细谱带

Franck - Condon 原则也适用于发射过程。由于在凝聚相中,激发态之间的振动能及电子能弛豫过程的速率比发射辐射的速率快得多,因此发射辐射总是从最低激发态的 v' =0 振动态出发的[图1-6中(a)],图1-6中(b)示出相应的发射 Franck - Condon 跃迁。根据 Franck - Condon 原则,最可几的发射是自 S_1 态的 v' =0 垂直发射的;与吸收相反,基态势能曲线的最低点现在位于最低激发态势能曲线的最小点的左方,因此最可几发射将产生一个伸长了的基态,而吸收时随着跃迁产生一个压缩了的激发态,图1-6中(b)示出了发射谱振动结构的相对强度。

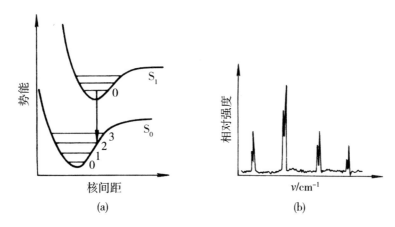

图 1-6　发射过程的 Franck-Condon 跃迁

（2）自旋选择定则

在电子跃迁过程中电子的自旋不能改变，符合这一规则的跃迁，如单重态→单重态、三重态→三重态跃迁是允许的，违背这一规则的跃迁，如单重态→三重态和三重态→单重态跃迁是禁阻的。

（3）宇称禁阻

宇称禁阻由跃迁所涉及的轨道的对称性决定，分子轨道的对称性取决于描述分子轨道的波函数在通过一个对称中心反演时符号是否改变。波函数分为对称的（g）和反对称的（u）两类。通过对称中心反演，分子轨道的波函数改变符号，称为反对称的；如果不改变符号，称为对称的。选择定则指出 $u \rightarrow g$ 和 $g \rightarrow u$ 的跃迁是允许的，而 $g \rightarrow g$ 和 $u \rightarrow u$ 的跃迁是禁阻的。例如，乙烯的分子中，π 轨道是反对称的，π^* 是对称的，σ 轨道是对称的，因此，乙烯的 $\pi \rightarrow \pi^*$（$u \rightarrow g$）跃迁是允许的，而 $\sigma \rightarrow \pi^*$（$g \rightarrow g$）跃迁是禁阻的，如图 1-7 所示。

（4）轨道重叠

如果电子跃迁涉及的两个轨道在空间的同一区域，即相互重叠，这种跃迁是允许的，否则是禁阻的。例如羰基化合物的 $\pi \rightarrow \pi^*$ 跃迁是允许的，而 $n \rightarrow \pi^*$ 跃迁是禁阻的。

一种电子跃迁，只有被上述所有选择定则允许，这种跃迁才是允许的；

如果被其中一个选择定则禁阻,这种跃迁发生的可能性就很小。

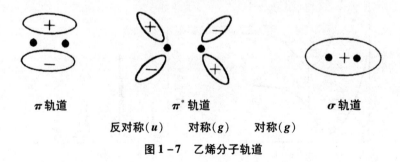

π轨道　　　　　　　π*轨道　　　　　　σ轨道

反对称(u)　　对称(g)　　对称(g)

图1-7　乙烯分子轨道

1.2.4　激发态的衰减

（1）Kasha规则

基态分子吸收一个光子生成单重激发态,依据吸收光子的能量大小,生成的单重激发态可以是S_1,S_2,S_3,…,由于高级激发态之间的振动能级重叠,S_2、S_3等会很快失活到达最低单重激发态S_1,这种失活过程一般只需10^{-13}s,然后由S_1再发生光化学和光物理过程。同样,高级三重激发态(T_2,T_3,…)失活生成最低三重激发态T_1也很快。所以,一切重要的光化学和光物理过程都是由最低激发单重态(S_1)或最低激发三重态(T_1)开始的,这就是Kasha规则。

激发态分子失活回到基态可以经过以下光化学和光物理过程:辐射跃迁、无辐射跃迁、能量传递、电子转移和化学反应。

（2）辐射跃迁

分子由激发态回到基态或由高级激发态到达低级激发态,同时发射一个光子的过程称为辐射跃迁,包括荧光和磷光。

（A）荧光

荧光是多重度相同的状态间发生辐射跃迁产生的光,这个过程速度很快。有机分子的荧光通常是$S_1 \rightarrow S_0$跃迁产生的,虽然有时也可以观察到$S_2 \rightarrow S_0$(如某些硫代羰基化合物)的荧光。当然由高级激发三重态到低级激发三重态的辐射跃迁也可以产生荧光。

（B）磷光

磷光是不同多重度的状态间辐射跃迁的结果，典型跃迁为 $T_1 \rightarrow S_0$；而 $T_n \rightarrow S_0$ 则很少见。因为这个过程是自旋禁阻的，因此和荧光相比，其速度常数要小得多。

（3）无辐射跃迁

激发态分子回到基态或高级激发态到达低级激发态，但不发射光子的过程称为无辐射跃迁。无辐射跃迁发生在不同电子态的等能的振动–转动能级之间，即低级电子态的高级振动能级和高级电子态的低级振动能级间耦合，跃迁过程中分子的电子激发能变为较低级电子态的振动能，由于体系的总能量不变，不发射光子。这种过程包括内转换和系间窜越。

（A）内转换

内转换是相同多重度的能态之间的一种无辐射跃迁，跃迁过程中电子的自旋不改变，如 $S_m \sim {}^{TM}S_n$ 或 $T_m \sim {}^{TM}T_n$，这种跃迁是非常迅速的，只需 10^{-12} s。

（B）系间窜越

系间窜越是不同多重度的能态之间的一种无辐射跃迁。跃迁过程中一个电子的自旋反转，例如，$S_1 \sim {}^{TM}T_1$ 或 $T_1 \sim {}^{TM}S_0$。

（4）能量传递

激发态分子另一条失活的途径是能量传递，即一个激发态分子（给体 D^*）和一个基态分子（受体 A）相互作用，结果给体回到基态，而受体变成激发态的过程：

$$D^* + A \rightarrow D + A^*$$

能量传递过程也要求电子自旋守恒，因此只有下述两种能量传递具有普遍性：

单重态–单重态能量传递：$D^*(S_1) + A(S_0) \rightarrow D(S_0) + A^*(S_1)$

三重态–三重态能量传递：$D^*(T_1) + A(S_0) \rightarrow D(S_0) + A^*(T_1)$

（5）电子转移

激发态的分子可以作为电子给体，将一个电子给予一个基态分子，或者作为受体从一个基态分子得到一个电子，从而生成离子自由基对：

$$D^* + A \rightarrow D^{+\cdot} + A^{-\cdot} \text{ 或 } D + A^* \rightarrow D^{+\cdot} + A^{-\cdot}$$

激发态分子的 HOMO 上只填充了一个电子，很容易再接受另一个电子；另一方面，LUMO 上的高能电子很容易给出，所以，许多情况下，与基态分子相比，激发态分子既是很好的电子接受体，又是很好的电子给体，这就使得电子转移成为激发态失活的一条非常重要的途径。

（6）化学反应

激发态分子失活的一条最重要的途径是发生化学反应生成基态产物，这一过程是光催化降解化合物的主要内容，在以后介绍。

（7）Jablonski 图解

上述激发态失活的过程可总结在 Jablonski 图中，该图表示出体系状态转变时可能出现的光化学和光物理过程（图 1 - 8）。

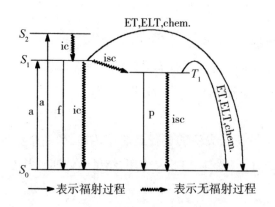

图 1 - 8　Jablonski 图解

（a）吸收；f—荧光；p—磷光；ic—内转换；isc—系间窜越；ET—能量传递；

ELT—电子转移；chem. — 化学反应

§1.3 半导体光催化反应理论

1.3.1 半导体光催化的理论

(1)半导体能带及其受光辐射时电荷分离

TiO_2 之所以能作为高活性的半导体光催化剂,是由其本身性质所决定的[15]。半导体的能带是不叠加的,各能带分开,被价电子占有的能带称为价带(VB),它的最高能级即价带缘,其相邻的那条较高能带处于激发态,称为导带(CB),导带最低能级即为导带缘。价带缘与导带缘之间有一能量间隙为 E_q(TiO_2 的 $E_g = 3.2eV$)的禁带(图1-9)。

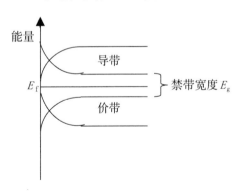

图1-9 半导体表面电荷与能带弯曲

当半导体光催化剂(如 TiO_2 等)受到能量大于禁带宽度(E_g)的光照射时,其价带上的电子(e^-)受到激发,越过禁带进入导带,在价带留下带正电的空穴(h^+)。光生空穴具有强氧化性,光生电子具有强还原性,二者可形成氧化还原体系。当光生电子—空穴对在离半导体表面足够近时,载流子向表面移动到达表面,活泼的空穴、电子都有能力氧化和还原吸附在表面上的物质。当半导体表面吸附杂质电荷时,表面附近的能带弯曲,相当于费米能级(E_f)移动,从而影响半导体催化剂性能,如上图1-9所示。同时,存在电子与空穴的复合,所以,只有抑制电子与空穴的复合,才能提高光催化效率。通过浮获剂可抑制其复合,光致电子的浮获剂是溶解 O_2,光致空穴的浮获剂是 OH^- 和 H_2O。受光照时半导体电子和空穴的变化如图 1 – 10 所示[16]。

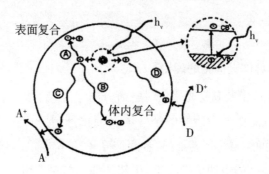

图 1 – 10 受光照时半导体电子和空穴的变化

(2)常见半导体光催化剂能级

半导体光催化剂进行光诱导所产生的电子向吸附在其表面物中转移的能力取决于半导体的禁带宽度及所吸附物种的氧化还原电位。从热力学方面考虑,电子接受体的电势能级要比半导体导带位能更<u>正些</u>;为了使价带给出电子产生空穴,电子给予体的电势能级要比半导体价带位能更负些。

图 1 – 11 给出常见半导体导带和价带的位置[17],左边纵坐标是相对于真空能级的内能,右边纵坐标是相对于标准氢电极的内能(NHE)。其导带

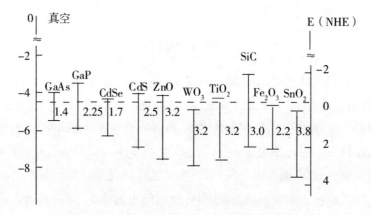

图 1 – 11 常见半导体在 pH = 1 时导带和价带的位置

和价带的位置是在电解质溶液 pH=1 的条件下给出的。各种半导体相对于吸附质氧化还原电位导带和价带的位置是受电解质溶液 pH 影响的。

(3)电荷载体陷阱

为了在半导体表面上进行有效的电荷转移,必须延缓光生电子和空穴的复合。电荷载体陷阱能抑制电子和空穴的复合,并使电子和空穴分离寿命延长几分之一纳秒。在制备胶体和多晶光催化剂过程中,不希望产生理想的半导体结晶晶格,相反,半导体催化剂表面凹陷及颗粒不规则性自然产生。这种不规则性与表面电子所处的状态有关,而电子所处状态在能量上与颗粒半导体所提供的能带不同。电荷载体陷阱捕获电子,从而抑制了电子与空穴的复合。

半导体催化剂表面缺陷位置取决于化学制备方法,列举一个表面陷阱所起作用的特殊例子,将 H_2S 溶液加入 Cd^{2+} 溶液中所生成的 CdS 胶体具有表面缺陷部位,其缺陷部位促使电荷载体的无辐射复合,这种无辐射复合过程在半导体体系中起支配作用,对该 CdS 胶体悬浊液进行荧光分析发现,在吸收界限以下,在对应光能为 0.4eV 处产生一个非常弱的红色的荧光屏峰,其能量的降低是由于表面电荷载体陷阱能级在导带以下所致。通过向基础溶液中加入过量的 Cd^{2+} 及调整 pH 方式对 CdS 胶体表面进行修饰后,在吸收界限处(2.48eV)产生荧光的最大值。表面修饰阻碍缺陷部位,促使电荷载体的无辐射复合。关于修饰后 CdS 对荧光的吸收具有高的量子产率是由于电子和空穴穿越带间隙复合的结果[18]。

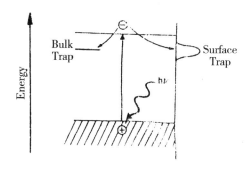

图 1-12 半导体表面陷阱和颗粒电子载体陷阱

图 1 - 12 简化地说明了半导体内光生电子的载体陷阱及表面陷阱。在这个图中,载体和表面状态陷阱的能级在半导体带间隙之内。这些表面和载体状态具有确定位置,陷入这些状态的电荷载体位于表面上或载体状态的部分区域。载体和表面陷阱的数量取决于陷阱和导带底边沿的能量差,并且,当电子进入陷阱后其熵减小。实验证明,导带电子的陷阱是由激光照射 TiO_2 胶体产生的,捕获电子的短暂吸附证明电子与空穴分离寿命在纳秒范围内[19]。价带空穴捕获需要平均时间为 250ns,从电子顺磁性共振光谱实验说明胶体 TiO_2 在 4.2K 时俘获光生电子(形成 Ti^{3+} 缺陷位置)[20]。吸附在 TiO_2 表面上的 O_2 捕获陷阱电子并抑制 Ti^{3+} 缺陷的形成,并且也观察到俘获空穴,虽然 O、O_3、·OH 在各种情况下都存在,但是与俘获空穴相联系的准确物种尚未测定。

(4)带弯曲和肖特基势垒的形成

在半导体与另一相(如液相、气相或金属)发生作用后,必然产生电荷的重新分配及双电层的形成。在半导体与作用相之间或者在半导体与电荷载体陷阱之间接触面处存在一个界面相,而移动电荷载体通过该界面相进行迁移,从而产生一个空间电荷层。就拿半导体与气相相互作用来说,比如 n - 型半导体 TiO_2 气相相互作用后产生一个具有电子陷阱的表面状态,其表面区域带负电荷,为了保持电中性,在半导体内部产生一个正电荷层,从而引起电势移动及能带向表面弯曲。

图 1 - 13 是 n - 型半导体与溶液相互作用后,由于电荷穿越半导体与溶液的相界面而产生的空间电荷层[21]。图 1 - 13 中的一部分显示在缺少空间电荷层的情况下的平带电势简图,这种半导体含有规则的电荷分布。对于图(b)由于在相界面上存在正电荷使得大多数电子载体集中在靠近空间电荷层表面处,这样形成的空间电荷层叫作积累层。半导体随着其向表面移动而向下弯曲,这就像电子越靠近正电荷其能量越低一样的道理。当负电荷在相界面积累而大多数电子载体的浓度比在半导体内部少时[图(c)],所形成的空间电荷层是一个空层,且能带朝着表面向上弯曲。当空层扩展到半导体内部时,费米能级降低到内能以下,即位于导带底部和价带顶部之间

1/2 处。半导体的表面区域显示 p - 型,而杂质部分显示 n - 型,这样形成的
空间电荷层叫作倒置层[图(d)]。

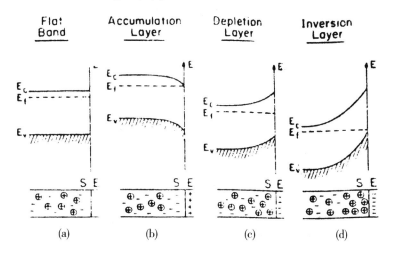

图 1 - 13 空间电荷层的形成和能带弯曲(n - 型半导体与溶液相互作用)

(5)贵金属与半导体相互作用

在半导体表面沉积贵金属能够形成空间电荷层,常用的沉积贵金属是
第 VIII 族的 Pt、Pd、Au、Ru 等,其中研究得最普遍的是 Pt/TiO$_2$ 体系
(图 1 - 14)[22]。

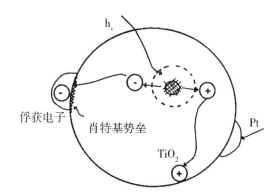

图 1 - 14 金属修饰半导体颗粒

研究表明,Pt 以原子簇形态沉积在 TiO$_2$ 表面,半导体表面与金属接触

时,载流子重新分布,电子从费米能级较高的半导体转移到费米能级较低的金属,直到它们的费米能级相等,形成 Schottky 势垒(图1-15),Schottky 势垒成为俘获激发电子的有效陷阱,光生载流子被分离,从而抑制了电子与空穴的复合,提高了量子效率。

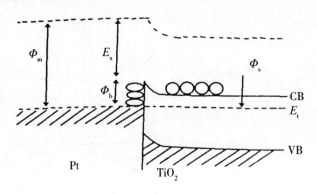

图1-15　肖特基势垒

(6)在催化剂表面上所进行的光诱导电子转移过程

一个分子或半导体颗粒在处于激发态时具有很高的反应活性,在被吸附于催化剂表面上的分子之间或在催化剂表面活性部位与被吸附物质之间发生电子转移。与催化剂的分类相似,所进行的电子转移过程被分为如图1-16所示两类——图I部分及图II部分。这种分类包括要么由光子直接激发吸附质,要么由光子激发催化剂,然后由催化剂再激发吸附质。

图1-16I部分A图显示像 SiO_2 和 Al_2O_3 这样的催化剂表面所进行的电子转移过程,由于 SiO_2 和 Al_2O_3 对吸附质来说没有易接受的能级,SiO_2 和 Al_2O_3 不能参与光诱导电子转移过程[23],其电子转移过程是由被吸附的电子给体直接转移到电子受体。图1-16I部分B图显示,当催化剂具有易接受的能级时,电子给体先将电子传递给光催化剂导带,然后由导带将电子传递给电子受体。

图1-16II部分C图发生在半导体内的起始激发过程,半导体的价带(VB)吸收光子激发电子,激发态电子(e^-)由价带跃迁到导带(CB)上,而把带有正电荷的空穴(h^+)留在价带上。所产生激发态电子传递给电子受体

A,与此同时,由充满电子的电子给体 D 将释放电子与价带上的空穴(h^+)进行复合。该过程一般发生在具有较宽带间隙的氧化物半导体上。图 1-16II 部分 D 图显示了吸附在金属表面上的吸附质所产生的激发过程简图,当金属受到光照射时,在高于费米能级的能级上产生一个热电子,该电子接着进入吸附质分子的空能级轨道上。该电子转移的过程已有文献报道[24]。

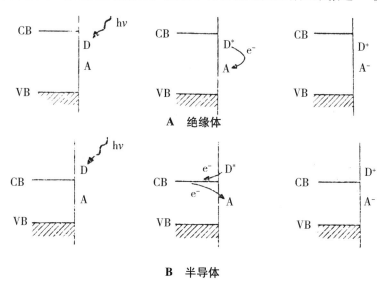

图 1-16 I 光催化反应中吸附质的起始激发过程

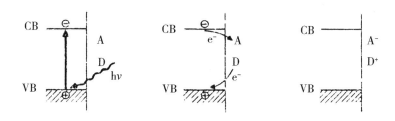

C 半导体或绝缘体

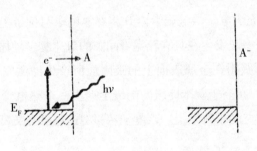

D 金属

图 1 – 16 Ⅱ 光催化反应中固体的起始激发过程

（7）半导体表面光敏化过程

以 TiO$_2$ 为例加以说明，TiO$_2$ 光吸收阈值小于 400nm，其吸收光能量大约只占太阳光的 4%。因此，如何延伸光催化材料的激发波长成为光催化材料的一个重要研究内容。半导体光催化材料的光敏化就是将光活性物质以物理或化学吸附于半导体表面延伸激发波长。常用的光敏剂有赤藓红 B、硫堇、Ru(byp)$_3^{2+}$、荧光素衍生物、金属离子与卟啉类衍生物络合成的配合物等，这些活性物质在可见光下有较大的激发因子，只要活性物质激发态的电势比半导体电势更负，就有可能使激发电子输运到半导体的导带，从而扩大了半导体激发波长范围，更多的太阳光得到利用，光活性物质、半导体和污染物之间电荷输运原理如图 1 – 17 所示[25]。

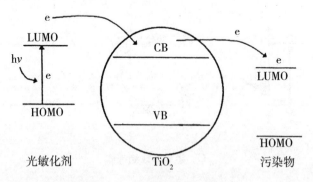

图 1 – 17 光敏化电荷传输过程

（8）表面离子修饰

研究表明，表面修饰的过渡金属离子（如 Fe^{3+}、Cu^{2+}、Au^{3+} 等）能抑制电子与空穴的复合，提高光催化效率[26]。此外，一些无机阴离子在半导体表面络合达到增感的目的，如 TiO_2 胶粒表面络合 SCN^- 离子后，其吸收光谱红移近 50nm，并且增强了在 $280\sim350nm$ 范围内的吸光度。与其他表面修饰技术相比，用离子修饰表面的相关研究开展得较少，还有待进一步研究。

（9）复合半导体

半导体复合是提高光催化效率的有效途径，通过半导体的复合可提高系统的电荷分离效率以及拓展其光谱响应的范围。复合半导体可分为半导体/半导体和半导体/绝缘体复合两大类。

近几年来，半导体修饰 TiO_2 得到了广泛的研究，如氧化物敏化 TiO_2 体系（$TiO_2 - SnO_2$、$TiO_2 - Fe_2O_3$、$TiO_2 - WO_3$ 等）[27,28]；硫化物敏化 TiO_2 体系（$TiO_2 - CdS$、$TiO_2 - CdSe$、$TiO_2 - PbS$ 等）（图 $1-18$）[29]，其中 $TiO_2 - CdS$ 体系研究得最普遍和深入。

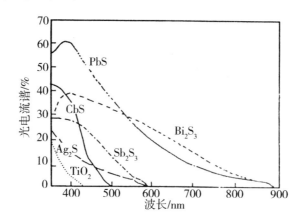

图 1-18　硫化物敏化的 TiO_2 电极光电流作用谱图

图 $1-19$ 从形态和能级上反映 $TiO_2 - CdS$ 复合半导体光催化材料的光激发过程[30]，其中价带和导带能级的相对位置是针对真空而言。根据图 $1-18$ 的能级模型，激发能虽不足以激发 TiO_2，却可激发 CdS，使电子从其价带跃迁到导带。光激发产生的空穴仍留在 CdS 的价带。这种电子从 TiO₂ 向 CdS 的迁移有利于电荷的分离,从而提高光催化效率,同时拓宽了吸收波长,有利于工业化。

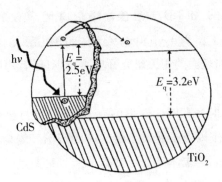

图 1 - 19　复合半导体光激发过程

当半导体与绝缘体复合时,Al₂O₃、SiO₂、ZrO₂ 等绝缘体大都起着载体的作用。载体和活性组份的组合会产生一些特殊的性质,其中酸性的变化值得注意,因为羟基化半导体表面与酸性有较大的关系。

1.3.2　光催化反应热力学分析

光催化氧化反应发生的热力学条件是:光生空穴的价带能级能量(E_{VB})比被氧化的吸附物能量更负(半导体物理角度),或者说空穴的标准氢电极还原电位(NHE)比被氧化的吸附物还原电位更正(电化学角度);同理,光催化还原要求半导体导带的电位比被吸附物电位更负。

1.3.3　光催化反应动力学分析

(1)光催化剂表面吸附原理

虽然光催化反应物在催化剂表面上的吸附机理还不很清楚,但是,范山湖等[31]利用吸附实验研究了染料在 TiO₂ 表面上的吸附特性,为了解染料与 TiO₂ 之间的相互作用提供了有意义的信息。

二氧化钛是两性氧化物[32],在水溶液中与水的配位作用形成钛醇键,使

其表面含有大量的氢氧基,这种钛醇键是二元酸,在不同的 pH 值时存在如下酸碱平衡:

$$\equiv TiOH_2{}^+ \xrightarrow{p_{a1}{}^s} \equiv TiOH + H^+$$

$$\equiv TiOH \xrightarrow{p_{a2}{}^s} TiO^- + H^+$$

即水化的二氧化钛表面存在 $TiOH_2{}^+$、$TiOH$ 和 TiO^- 功能基。由于二元酸的解离方式及程度均受 pH 的影响,因此,二氧化钛表面特性由溶液 pH 值决定。

二氧化钛等电位点(pH_{zpc})为 $6.3^{[33]}$,pH < pH_{zpc} 时,表面主要是 $TiOH_2{}^+$;pH > pH_{zpc} 时,表面主要是 TiO^-。而且这种表面电荷数量上也随 pH 不同而不同。染料在不同 pH 值的条件下也存在不同的解离平衡,如甲基橙的解离平衡如图 1 - 20 所示。

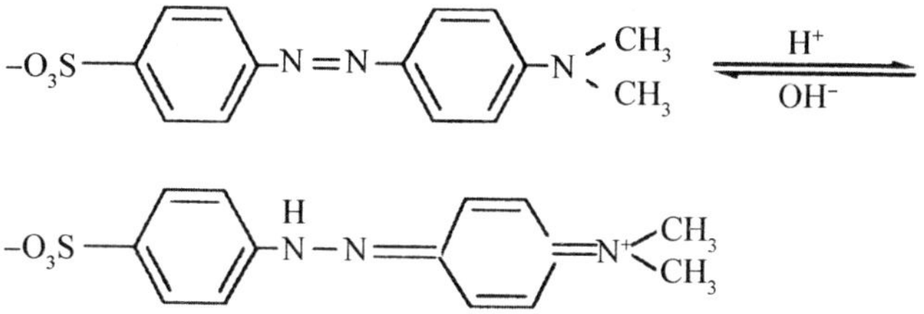

图 1 - 20　甲基橙的解离平衡

图 1 - 21 和图 1 - 22 表明两种染料在不同 pH 值条件下的吸附差别很大,pH = 3.0 时吸附量很大,而 pH = 9.0 时几乎不吸附。这样的事实说明:二氧化钛对染料的吸附受表面电性与染料分子的基团电性影响甚大,即在酸性条件下,甲基橙的 $-SO_3^-$ 基团和 TiO_2 表面的 $TiOH_2{}^+$ 由于静电作用而相互吸引。Zhao 等[34]曾用分子轨道理论研究茜素红光催化降解,认为磺基上高负电性的氧导致染料分子通过磺基强烈吸附在 TiO_2 表面上,这两种观点是一致的。酸性大红同样含有 $-SO_3^-$ 基团,它们与 TiO_2 表面的作用应该是类似的。吸附实验结果是,酸性大红的平衡吸附量比甲基橙大得多,表明了含有较多 $-SO_3^-$ 基团酸性大红分子和 TiO_2 表面的作用较强。进一步说明,这两种染料是通过 $-SO_3^-$ 基团和 TiO_2 表面的 $TiOH_2{}^+$ 发生静电作用。至于

在接近中性(pH=6)条件下,仍然观察到少量吸附,可以归因于在中性条件下,还没有达到等电位点,TiO₂表面仍然有一定的正电性,因而和带负电性的染料发生静电吸附作用。

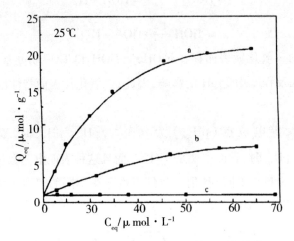

图1-21　甲基橙在不同pH值的吸附等温线

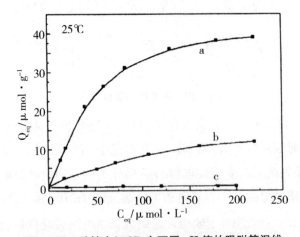

图1-22　酸性大红3R在不同pH值的吸附等温线

按Langmuir吸附模型,其吸附平衡方程如下:

$$Q_{eq}^{-1} = (Q_{max}Kc_{eq})^{-1} + Q_{max}^{-1} \qquad (1-8)$$

其中Q_{eq}^{-1}为平衡吸附量,Q_{max}为最大吸附量,K为吸附平衡常数,c_{eq}吸附平衡浓度。根据吸附等温方程,算出的吸附参数如表1-1所示。

表1－1　TiO₂对两种染料的吸附参数

染料	$Q_{max}(mol \cdot g^{-1})$	$K(L \cdot mol^{-1})$	$\Delta G(kj \cdot mol^{-1})$	覆盖度 $\theta(\%)$
甲基橙	9	23.25	9.79	-2.76
耐酸大红 3R	48.31	49.69	-6.78	80

注:覆盖度是根据分子的投影面积计算的。耐酸大红 3R 分子投影面积是 1.2nm²;甲基橙分子投影面积是 0.28nm²。

吸附平衡常数和吸附自由能数值表明,酸性大红和 TiO₂ 的作用比甲基橙大得多。这是因为甲基橙只含有一个 $-SO_3^-$ 基团,与酸性大红(三个 $-SO_3^-$ 基团)相比,它与 TiO₂ 表面的作用比较弱。此外,因为甲基橙以 $-SO_3^-$ 端基和 TiO₂ 的正电中心相互作用,甲基橙分子可能是以竖式吸附在表面上,这样的吸附状态在 TiO₂ 表面上不很稳定,这可能是甲基橙在 TiO₂ 表面上平衡吸附量小的主要原因。从 Q_{max} 估算出酸性大红分子 TiO₂ 表面的覆盖度是80%。按照甲基橙分子竖式投影面积计算,甲基橙在 TiO₂ 表面的覆盖度是9%。

（2）光催化反应动力学

光催化氧化反应是光催化剂在光照射下,诱发电子(e^-)和空穴(h^+),继而在表面形成 ·OH,进一步与有机污染物发生一系列的自由基反应。氢氧自由基与有机物的反应途径可能有下列四种[35]:

·OH 与有机物都吸附在催化剂表面上的反应,

$$Ti^{IV} \sim \cdot OH + R_{1,ads} \rightarrow Ti^{IV} + R_{2,ads} \qquad (1-9)$$

·OH 与吸附在催化剂表面有机物的反应,

$$\cdot OH + R_{1,ads} \rightarrow R_{2,ads} \qquad (1-10)$$

·OH 吸附在催化剂表面与到达的有机物的反应,

$$Ti^{IV} \sim \cdot OH + R_1 Ti^{IV} + R_2 \qquad (1-11)$$

·OH 与有机物均在溶液中反应,

$$\cdot OH + R_1 \rightarrow R_2 \qquad (1-12)$$

许多学者认为,光催化反应按(2-9)式进行,大量动力学的研究工作都是采用 Langmuir-Hinshewood 动力学模型方程[36,37]：

$$r = -dc/dt = k_1 k_2 c/(1 + k_2 c) \qquad (1-13)$$

上式中，r 为反应底物起始降解速率（mol/L·min；c 为反应底物的起始浓度（mol/L）；k_1 为反应体系物理常数，即溶质分子吸附在催化剂 TiO_2 表面速率常数（mol/min）；k_2 为反应底物的光降解速率常数（1/mol）。

（1）当反应底物浓度很小时，$k_2 c \ll 1$，那么

$$r = k_1 k_2 c = K \cdot c \qquad (1-14)$$

即反应速率与反应底物浓度成正比，该式已应用于许多光催化反应，反应级数为一级动力学[38,39]。

（2）求解 k_1、k_2

由 1-13 式得 $1/r = 1/k + (1/k_1 k_2) \cdot 1/c$ \qquad (1-15)

式中 c 和 r 可通过化学方法测定，作出 1/r 和 1/c 的直线关系图，即可求出 k_1、k_2。

（3）求反应底物的半衰期（$t_{1/2}$）

将 1-13 进行积分得 $t = (1/k_1 k_2) \cdot \ln(c/c_0) + (1/k_2) \cdot (c_0 - c)$

$$\qquad (1-16)$$

当 $c = 1/2 c_0$ 时，1-16 式变为 $t_{1/2} = \ln 2/(k_1 k_2) + c_0/2k_2$ \qquad (1-17)

由 1-17 式表明：$t_{1/2}$ 与反应底物起始浓度成线性关系。

（3）量子产率和能量消耗

在光催化降解研究中，表观量子产率通常被定义为初始光解速率测定值与化学光量计测得的理论最大吸收光子速率的比值（假设所有光子均被光催化剂吸收）。该定义对于某一反应物可表达为

$$\phi = \pm (dc/dt)/[d(hv)_{inc}/dt] \qquad (1-18)$$

式中 ϕ 为反应物的表观量子产率；dc/dt 为反应物开始形成或消失速率（mol/L·min）；$d(hv)_{inc}/dt$ 为每单位体积入射光子速率（Einsteins/min）。

研究者普遍认为光催化量子产率很低（约 4%），太阳能的利用率也很低，这就决定光催化技术的某种实际应用是相当困难的，许多文献报道了光催化降解某种有机物，而没有表明降解每一有机物分子所需的能量。例

如,对浓度为 20mg/L 的甲基橙溶液 410mL,采用中心波长为 330~450nm 的 300W 中压汞灯,仅需光照 10min,甲基橙溶液的脱色率就能达到 97.4%[40],可以肯定该反应消耗了较多能量而难以实际应用。另外,即使通过太阳能技术降低成本,并完全成功地降解了有机污染物,太阳能光催化的多相反应机理及动力学限制仍很巨大。再者,慢的反应速率和低的光效率需要较大的能量。不论能量来自何处,光催化降解有机污染物,必须通过太阳能技术,经济地、有效地、低成本地利用太阳能。

1.3.4 光催化反应机理

(1)一种辐射光照射光催化剂的反应机理

目前,国内外研究最多的光催化剂是金属氧化物及硫化物,其中,TiO_2 具有较大的禁带宽度($Eq = 3.2eV$),氧化还原电位高,光催化反应驱动力大,光催化活性高。可使一些吸热的化学反应在被光辐射的 TiO_2 表面得到实现和加速,加之 TiO_2 无毒、成本低,所以 TiO_2 的光催化研究最为活跃。半导体光催化反应机理如图 1 - 23 所示[41](TiO_2 为例)。

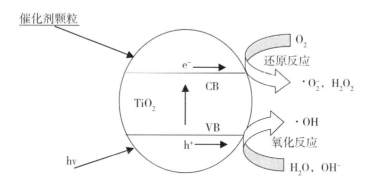

图 1 - 23 TiO_2 光催化降解污染物的反应示意图

当能量大于或等于半导体带隙能的光波(hv)辐射 TiO_2 时,TiO_2 价带(VB)上的电子吸收光能(h)后被激发到导带(CB)上,使导带上产生激发态电子(e^-),而在价带(VB)上产生带正电荷的空穴(h^+)。e^- 与吸附在 TiO_2

颗粒表面上的 O_2 发生还原反应,生成 $\cdot O_2^-$,$\cdot O_2^-$ 与 H^+ 进一步反应生成 H_2O_2,而 h^+ 与 H_2O、OH^- 发生氧化反应生成高活性的 $\cdot OH$,H_2O_2、$\cdot OH$ 把吸附在 TiO_2 表面上的有机污染物(简称为 R)降解为 CO_2、H_2O 等,把无机污染物(简称为 B)氧化或还原为无害物(简称为 B^+)。

目前,大多数光催化反应历程属于一种辐射光照射光催化剂表面进行氧化还原过程。其具体反应历程如下[42]:

$$S \cdot C \xrightarrow{\ h\nu\ } e^- + h^+$$

$$h^+ + H_2O \longrightarrow H^+ + OH$$

$$e^- + O_2 \longrightarrow \cdot O_2^-$$

$$\cdot O_2^- + H^+ \, HO_2^{\cdot}$$

$$2 \cdot O_2^- + H_2O \longrightarrow O_2 + HO_2^- + OH^-$$

$$HO_2^- + h^+ \longrightarrow \cdot HO_2$$

$$OH^- + h^+ \longrightarrow \cdot OH$$

$$2HO_2^{\cdot} \longrightarrow O_2 + H_2O_2$$

$$HO_2^{\cdot} + e^- + H^+ \longrightarrow H_2O_2$$

$$H_2O_2 + e^- \longrightarrow OH^- + OH$$

$$H_2O_2 + \cdot O_2^- \longrightarrow O_2 + OH^- + \cdot OH$$

$$R + \cdot OH \longrightarrow CO_2 + H_2O + N_2 + \cdots$$

$$B + H_2O_2 \longrightarrow B^+ + \cdots$$

$$e^- + h^+ \longrightarrow \nabla$$

(2)紫外光与微波的协同作用机理[43]

(A)催化剂对纳米微波功率的吸收

氧化物半导体材料(如 TiO_2)具有多孔性大的比表面,与常规的晶态材料相比,由于其小尺寸颗粒和庞大的体积百分比的界面特性,界面原子排列和键的组态的无规则性较大,使得 TiO_2 基光催化剂中存在大量的缺陷。一旦施加微波场时,物质发生驰豫过程(包括偶极子驰豫),其介电常数发生改变,导致介质损耗。而偶极子驰豫对介电常数的贡献 ε 为[44]:

$$\Delta\varepsilon = \varepsilon_s - \varepsilon_\infty = \frac{N\mu^2}{3k}$$

其中 ε_s 为静态介电常数，ε_∞ 为高频介电常数，N 为缺陷浓度，为偶极矩，k 为玻尔兹曼常数，T 为绝对温度。

由偶极子极化引起的复介电常数 $\varepsilon^*(\omega) = \varepsilon'(\omega) - i\varepsilon''(\omega)$ 与电位移 $D(\omega)$ 的关系满足：

$$D(\omega) = \varepsilon^*(\omega)E(\omega) = \left[\varepsilon'(\omega) - i\varepsilon''(\omega)\right]E(\omega)$$

$$\varepsilon'(\omega) = \varepsilon_\infty + (\varepsilon_s - \varepsilon_\infty)/(1 + \omega^2\tau^2)$$

$$\varepsilon''(\omega) = (\varepsilon_s - \varepsilon_\infty)/(1 + \omega^2\tau^2) = \Delta\varepsilon\omega\tau(1 + \omega^2\tau^2)$$

E 为电场强度，ω 为外电场角频率，τ 为晶格缺陷的偶极驰豫时间。因此，缺陷浓度 N 越高，偶极子对介电常数的贡献越大，引起的介电损失就越大。

单位体积物质对微波功率的吸收功率 P 为[45]

$$P = (\varepsilon_r E^2 \cdot \mathrm{tg})\omega, \mathrm{tg}\delta = \varepsilon''/\varepsilon'$$

式中 ε_r 为相对介电常数，因此物质吸收微波的能力与介电损失直接相关，缺陷浓度越高，吸收功率 P 就越大。SO_4^{2-}/TiO_2 微波谱的 99% 以上的吸收，证明了纳米催化剂中多缺陷的性质，并且反映出其缺陷浓度大于 TiO_2 催化剂，这与活性表征结果 SO_4^{2-}/TiO_2 催化剂的催化活性比 TiO_2 催化剂提高一倍是一致的。

（B）微波的协同作用提高了催化剂对紫外光的吸收

从半导体表面的多相光催化机理和半导体能带理论分析，光催化反应的总量子效率与下列过程有关：1) 光致电子－空穴对的产生率；2) 光致电子－空穴对的复合率；3) 被捕获的电子和空穴的重新结合与界面间电荷转移的竞争。显然，光致电子－空穴对的产生率的增加，电子－空穴对的复合率的减小，电子向界面转移速度的增加，都将导致光催化过程总量子效率的提高。根据能带理论，二氧化钛的带－带跃迁属于间接跃迁过程，价带电子不仅要吸收光子，还要同时吸收或发射声子（或其他第三方粒子或准粒子）以满足带－带跃迁的动量守恒。考虑二氧化钛 Eg 附近的光吸收，其总的吸收系数 α 为[46]：

$$\alpha(\omega) = \alpha_a(\omega) + \alpha_d(\omega) \tag{1-19}$$

$$\alpha_a(\omega) = c_1(hv - E_g + k\theta)^2 N_\theta \tag{1-20}$$

$$\alpha_d(\omega) = c_1(hv - E_g - k\theta)^2(N_\theta + 1) \tag{1-21}$$

$$N_\theta = 1/(e^{k\theta/kT} - 1) \tag{1-22}$$

式中 $\alpha_a(\omega)$ 为吸收声子的吸收系数, $\alpha_d(\omega)$ 为发射声子的吸收系数, $\omega = 2v, hv$ 为光子能量, k 为玻尔兹曼常数, T 为绝对温度, $k\theta$ 为声子的能量, c_1 为常数, N_θ 为声子数。

由式(1-19)—(1-22)可以明显看出,伴有吸收或发射声子的非直接跃迁吸收系数与声子能量、温度有密切关系,总的吸收系数随能量的降低、系统温度的升高而增大。对微波场中的光催化氧化反应,由于反应过程中多缺陷催化剂对微波的高吸收,一方面,导致与微波发生局域共振偶合的缺陷部位温度升高,使 N_θ 增大;另一方面,微波场对催化剂的极化作用使得声子与缺陷产生强烈的散射,降低了声子能量,从而使催化剂总的吸收系数增大。图1-24是在微波场作用下的时间分辨紫外-可见吸收光谱,在250~400nm光谱范围,在微波场作用下的 TiO_2 催化剂的漫反射吸收系数 $F(R)$ 随时间缓慢地增强;随着微波场的关闭,催化剂的吸收系数 $F(R)$ 又随时间缓慢地减小。理论分析与吸收系数的动力学光谱数据的一致较好地说明了微波场存在的确提高了催化剂对紫外光的吸收。但是,由于光催化剂是多缺陷、大比表面积的复杂体系,活性的提高是多方面因素的综合作用结果。而微波场的极化作用给催化剂带来的缺陷也是电子或空穴的捕获中心,从而进一步降低了电子-空穴对的复合率,提高了光催化剂的光催化氧化性能。由于 SO_4^{2-}/TiO_2 系列催化剂的缺陷浓度大于 TiO_2 系列催化剂的缺陷浓度,且 SO_4^{2-}/TiO_2 催化剂在微波场中的吸收系数 $F(R)$ 的变化规律与 TiO_2 催化剂类似,微波的极化作用更强,因此在微波和紫外光的协同作用下,催化剂的活性提高更加明显。

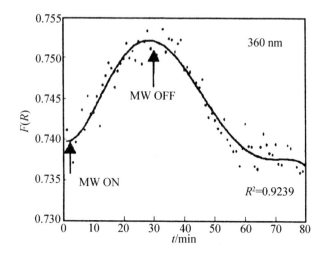

图1-24 TiO₂催化剂的时间分辨紫外-可见吸收光谱

（3）光敏剂协助光催化反应机理

常见光敏剂为水溶性、可变价态的金属卟啉类配合物，即 Co(II)Py/Co(III)Py，其作用机理如图1-25所示：

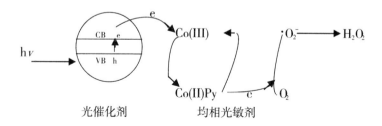

图1-25 光敏剂协助光催化反应原理

首先被吸附在光催化剂表面的光敏剂 Co(III)Py 从 TiO₂表面获取电子生成 Co(II)Py，这时候，由于 TiO₂电子发生转移，实现光生电子与光生空穴的分离，从而提高了固定相光催化剂 TiO₂ 的活性；O₂将把 Co(II)Py 氧化为Co(III)Py，生成·O₂⁻，再进一步生成 H₂O₂，H₂O₂要么生成高活性的·OH，要么直接将有毒污染物氧化降解，所生成的·OH 具有更高的活性来降解污染物。其次，金属卟啉配合物能充分吸收可见光产生荧光，而荧光的波长较短,被吸附的金属卟啉配合物将荧光直接传递给光催化剂 TiO_2 ,这样进一步提高了 TiO_2 对可见光的吸收范围。再次,如果新合成的金属卟啉配合物具有双光子效应,即吸收一个光子,释放出二个光子,这样又进一步提高 TiO_2 吸收光子的概率,也就提高光催化活性。由此来看,光敏剂协助光催化降解污染物将赋予更加优越的光催化活性及创新性、使用性。

(A) TiO_2 纳米管的形成机理[47]

对于 TiO_2 纳米管的形成机理,目前有三个较典型的模式:

(1)纳米氧化钛颗粒在强碱作用下形成 Na_2TiO_3 片状物,经过卷曲而成短纳米管,随着反应时间的延长,通过溶解—吸收机理,纳米管长度逐渐增加。另外,实验发现,清洗溶液的 pH 值对生成纳米管的成分和结构有影响:在碱性清洗液中纳米管的主要组成为 Na_2TiO_3 和 H_2TiO_3 ;而在酸性条件下纳米管主要为 H_2TiO_3 。 H_2TiO_3 纳米管在 400℃热处理后失水而变成结晶较好的锐钛矿型氧化钛并具有较好的热稳定性;到 600℃热处理时熔到一起,变成以锐钛矿相为主同时存在金红石相痕迹;到 800℃热处理时纳米管完全失去管状结构而变成颗粒,变成结晶完好的锐钛矿相和少量金红石相。研究表明,通过控制清洗时的 pH 值和热处理温度可以获得组成分别为 Na_2TiO_3 、H_2TiO_3 、TiO_2 的纳米管[48]。

(B)在水热合成过程中通过高压、高温和强碱的作用, TiO_2 块体沿着(010)晶面被剥落成薄片,在片的两面形成许多不饱和悬挂键。随着水热反应的进行,不饱和悬挂键的数量增多,使薄片的表面活性增强,开始卷曲为管状形态,以减少悬挂键的数量、降低体系的能量。在反应中间产物中观察到大量的片状物以及其卷曲态。所以 TiO_2 纳米管的生长符合 3 – 2 – 1D 的生长模型[49]。

(C)阳极氧化法[50]:钛阳极整个氧化过程大致可以划分为三个阶段。初级阶段是阻挡层的形成阶段,钛表面形成致密的 TiO_2 薄膜;第二阶段是多孔层的初始形成阶段,表面氧化层形成,膜层承受的电场强度急剧增大, TiO_2 阻挡层发生随机击穿溶解形成孔核,随着氧化时间的增加孔核发展成为小孔,均匀分布在表面;最后阶段是多孔膜层的稳定生长阶段,孔与孔的交界处有小坑,孔与孔之间钛的氧化物通过小坑不断溶解最后形成管壁。当氧化层的生成速度与溶解速度相等时,纳米管的长度将不再增加,这种平衡取决于阳极氧化电压。

由上述可知,TiO₂纳米管的生长机理是很复杂的,尽管存在许多争议,但是人们一直对 TiO₂纳米管的形成机理感兴趣。目前提出的机理只是根据实验结果进行推测,要想获得 TiO₂纳米管生长机理的直接证据,还需科研工作者进一步去探索。

1.3.5　g－C$_3$N$_4$的光催化反应机理[6]

(1)g－C$_3$N$_4$的半导体能带结构

g－C$_3$N$_4$是一种典型的聚合物半导体,其结构中的 C、N 原子以 sp^{2}杂化形成高度离域的 π 共轭体系(图 1－26)[51,52,53]。其中,N$_{p_z}$轨道组成g－C$_3$N$_4$的最高占据分子轨道(HOMO),C$_{p_z}$轨道组成最低未占据分子轨道(LUMO),它们之间的禁带宽度为 ~2.7eV,可以吸收太阳光谱中波长小于475nm 的蓝紫光[51,54,55]。理论计算和实验研究表明,g－C$_3$N$_4$还具有非常合适的半导体带边位置,其 HOMO 和 LUMO 分别位于 +1.4V 和 −1.3V(vsNHE,pH=7),满足光解水产氢、产氧的热力学要求[51,52]。此外,与传统的 TiO₂光催化剂相比,g－C$_3$N$_4$还可以有效活化分子氧,产生超氧自由基用于有机官能团的光催化转化和有机污染物的光催化降解[54];或抑制具有强氧化能力的羟基自由基的生成,避免有机官能团的过氧化[54]。理论上,g－C$_3$N$_4$可以作为可见光光催化剂应用于太阳能的光催化转化。

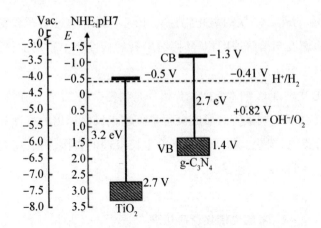

图1-26 g-C₃N₄的半导体能带结构图

（2）g-C₃N₄的光催化行为

如图1-27所示，g-C₃N₄作为聚合物半导体光催化材料已经被广泛应用于能源光催化和环境光催化。例如，在Pt助催化剂和三乙醇胺、甲醇等牺牲剂的帮助下，g-C₃N₄可以光催化分解水产氢（图1-27a）[54]；在AgNO₃-La₂O₃的反应体系中，g-C₃N₄可以光催化氧化水产生氧气（图1-27b）[51]；基于g-C₃N₄导带电子强还原能力和价带空穴弱氧化能力的特点，g-C₃N₄还可以活化分子氧产生超氧自由基（O_2^-），实现醇→醛/酮，苯乙烯→环氧苯乙烷等光催化选择性合成（图1-27c）[56,57]；此外，利用光生空穴或O_2^-的氧化能力还可实现水相中有机污染物的光催化降解（图1-27c,d）[58]。最近，Kiskan等[59]将g-C₃N₄应用于聚丙烯酸甲酯的光催化合成，进一步拓展了g-C₃N₄的光催化应用研究领域。所以，g-C₃N₄的光催化行为与其半导体能带结构密切相关。

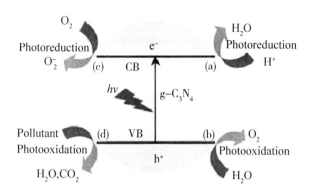

图1-27　g-C₃N₄的光催化行为

（3）g-C₃N₄光催化理论

通过理论计算对g-C₃N₄展开详细的研究，有助于理解g-C₃N₄的光催化反应过程和揭示其作用机制，为g-C₃N₄光催化剂的改性研究提供必要的理论指导。Xu等[60]用密度泛函理论计算了氮化碳（C₃N₄）同素异形体的半导体能带结构，指出以七嗪环为结构单元的g-C₃N₄具有最稳定的化学结构和合适的半导体禁带宽度和带边位置，可以作为可见光催化剂，用于光解水产氢。Wei和Jacob[61]以第一性原理研究了g-C₃N₄的光吸收性质与激子结合能的关系，发现通过调整g-C₃N₄的聚合度可以有效降低材料的激子结合能、调控半导体禁带宽度、改善光吸收性质，从而有助于提高太阳能光催化转换效率。Pan等[62]则着重预言了g-C₃N₄纳米管的光催化行为。他们指出，g-C₃N₄纳米管的半导体禁带宽度与纳米结构的尺寸密切相关，表现出明显的量子尺寸效应。此外，他们还提出，可以通过Pd、Pt等金属掺杂，实现有效窄化g-C₃N₄纳米管的能带结构，增强其可见光吸收能力。Ma等[63]选择取代掺杂和间隙掺杂两种模式详细研究非金属元素（如S和P等）掺杂对g-C₃N₄电子能带结构的影响，发现S原子倾向于取代掺杂七嗪环结构中二配位的边缘N原子，而P原子则喜欢进行间隙掺杂，与同一平面的两个七嗪环配位，在两个环间形成一个新的包含C、N、P三种原子的六元环。他们还指出，非金属掺杂不仅可以有效窄化g-C₃N₄的半导体能带结构，改善可见光吸收，而且还会加剧LUMO-HOMO平面的扭曲，促进光生载流子快速迁移并抑制其复合。与此同时,其他课题组还将理论计算和实验研究相结合,通过理论计算指导 C、S 原子掺杂 $g-C_3N_4$ 光催化剂的合成[64-66]。最近,Aspera 等[67,68]则将理论计算的重心转向 $g-C_3N_4$ 的表面研究,考察 H_2O、O_2 等分子在 $g-C_3N_4$ 表面的吸附、解离过程,对进一步深入理解 $g-C_3N_4$ 的光催化作用本质有重要的意义。

(4) $g-C_3N_4$ 光催化剂的表面修饰机理

半导体表面修饰,具有优化材料表面电子结构、促进光生载流子的快速分离和改善催化剂表面化学反应动力学等优点,到目前为止,已经发展成为提高半导体材料光催化性能的一种有效而通用的改性手段。对 $g-C_3N_4$ 光催化剂,人们主要通过贵金属表面改性和有机分子表面键合两种途径进行表面修饰。

Maeda 等[55]采用光化学沉积法,在 $g-C_3N_4$ 表面沉积具有不同金属功函数的贵金属纳米颗粒,着重考察 Rh、Ru、Pd、Ir、Pt、Au 等表面修饰对 $g-C_3N_4$ 可见光下分解水制氢性能的影响,发现 Pt 纳米颗粒具有最强的产氢助催化效应,可使光催化分解水制氢效率提高至 7 倍。Di 等[69]以 Au 为例,主要研究不同负载方法,如沉积沉淀法、光化学沉积法和浸渍法对光催化性能的影响。光解水制氢的实验结果表明,沉积沉淀法制备的样品活性最高,因为它可以形成紧密的 $Au/g-C_3N_4$ 表面金属结,促进催化剂表面光生电子的快速捕获(图 1-28)。Xin 课题组[70]和 Ge 课题组[71]则考察 Ag 纳米颗粒表面改性对 $g-C_3N_4$ 光催化降解水中模拟污染物(亚甲基蓝或甲基橙)和光解水产氢性能的影响。Li 等[72]在介孔 $g-C_3N_4$ 表面负载 Au、Pd、Pt 等纳米颗粒,将其应用于光催化还原硝基苯酚,实现分子间氢原子的高效转移。Liu 等[73]在 $g-C_3N_4$ 表面修饰 Pt 纳米颗粒,研究 $Pt/g-C_3N_4$ 在光解水产氢反应中的可再生过程。

Zou 课题组[74]利用 $g-C_3N_4$ 表面暴露的氨基,以 1,2,4,5-苯四甲酸二酐(PMDA)为改性分子,通过热后处理对 $g-C_3N_4$ 光催化剂进行表面修饰。实验结果表明,将 PMDA 分子嫁接在 $g-C_3N_4$ 表面,可以有效拓展催化剂的 π 共轭体系,优化其半导体能带结构,从而显著提高其光催化降解 MO 的活性。

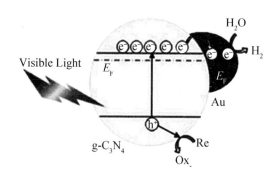

图1-28 Au 纳米颗粒表面改性 g-C₃N₄光催化剂

（5）g-C₃N₄光催化剂的敏化机理

由于七嗪环的 π 共轭结构特征，g-C₃N₄光催化剂理论上只能吸收能量大于 2.6eV 的蓝紫光[51,54]，因此，如何拓展 g-C₃N₄的光吸收波长，成为 g-C₃N₄光催化研究中面临的一个重要问题。到目前为止，除共聚合改性和半导体掺杂等方法外，人们还发展了表面敏化，如染料敏化和半导体敏化对 g-C₃N₄进行改性修饰，提高其可见光利用率。

Domen 课题组[75]率先使用染料敏化改善 g-C₃N₄的光吸收性质（图1-29）。他们将镁酞菁（MgPc）负载在 Pt/mpg-C₃N₄的表面制备了 MgPc/Pt/mpg-C₃N₄光催化剂。实验证实，MgPc 敏化 mpg-C₃N₄可以有效增强催化剂在 500-800 nm 处的光吸收，使其可见光产氢波长拓展到 750 nm，而且其在 660 nm 单色光下的量子效率达到 0.07%。在此基础上，Min 等[76]选择黄色曙红（EosinY）做染料敏化 mpg-C₃N₄，有效地将催化剂的光吸收边拓展到 600 nm，并在 550 nm 处出现一个特征吸收峰。光催化实验表明，经过 EosinY 敏化后的 mpg-C₃N₄，其光解水产氢量子效率得到很大的提高，其中 490 nm 单色光下产氢量子效率达到 20.5%。最近，Xu 课题组[77]使用赤藓红 B 染料（ErB）敏化 Pt/g-C₃N₄纳米片光解水反应体系，使 ErB/Pt/g-C₃N₄在 λ > 550nm 的可见光下产氢速率达到 162.5μmol · h⁻¹，明显高于未修饰样品在 λ >420nm 下的产氢速率（45.1μmol · h⁻¹）。He 等[78]则进行窄禁带半导体敏化 g – C₃N₄的相关研究。他们选择禁带宽度仅有 2.3eV 的 $DyVO_4$ 做敏化剂,与 g – C₃N₄复合形成 $DyVO_4$/g – C₃N₄异质结构光催化剂,有效地增强了催化剂在 450 – 550nm 处的光吸收并促进光生载流子的快速分离,从而使 $DyVO_4$/g – C₃N₄光催化降解 RhB 的性能得到显著的提高。Chen[79]通过溶剂热法在 mpg – C₃N₄表面生长 CdS 纳米颗粒,成功构建了 CdS/mpg – C₃N₄异质结光催化剂。利用 CdS 较强的光吸收能力(2.3eV),将 CdS/mpg – C₃N₄光吸收波长拓展到 540nm,而且 CdS 与 mpg – C₃N₄异质结构的存在,可以有效地克服光生载流子复合严重的缺点,使 CdS/mpg – C₃N₄光解水产氢和降解 RhB 的能力得到显著的提高。

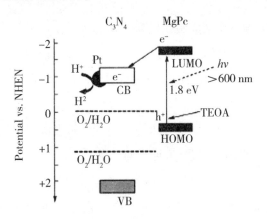

图 1 – 29   MgPc 敏化 g – C₃N₄光催化剂

张晓楠等[80]通过在降解体系中加入氧化性活性物种捕获剂的方法,研究了 g – C₃N₄/C₃Cl₃N₃吸收可见光降解有机污染物的机理。分别以 $KBrO_3$、KI、二甲亚砜(DMSO)和苯醌(BQ)作为电子、空穴、·OH 和 $·O^{-2}$ 捕获剂,考察光催化剂降解 RR 历程,实验结果如图 1 – 30 所示。由图 1 – 30 可知,加入 BQ 后,RR 的降解被显著地抑制,表明 g – C₃N₄/C₃Cl₃N₃(H⁺)降解 RR 的主要氧化性物种是 $·O^{-2}$;空穴作为活性物种也发挥了一定的作用;加入 $KBrO_3$、DMSO 后,基本不影响 RR 的降解,推论降解历程如下[81]:

$$g – C_3N_4/C_3Cl_3N_3 + hv \longrightarrow (g – C_3N_4/C_3Cl_3N_3)^*(g – C_3N_4/C_3Cl_3N_3)^* +$$

$$O_2 \longrightarrow h^+ + ·O_{2-} \quad ·O_{2-} + h^+ + RR \longrightarrow CO_2 + H_2O$$

根据上述降解历程，g-C₃N₄/C₃Cl₃N₃(H⁺)复合光催化剂降解 RR 原理如图 1-31 所示。在 g-C₃N₄/C₃Cl₃N₃(H⁺)共轭聚合物中存在吸电子的 Cl 原子，由于 Cl 原子的电负性大于 C 原子和 N 原子，导致电子云强烈偏向含有 Cl 的 C₃Cl₃N₃分子，有效拓展 g-C₃N₄ 的 π 共轭体系，改变电子的能带结构，利于空间电荷分离。g-C₃N₄/C₃Cl₃N₃(H⁺)共聚后使带隙位置上移，使电子更容易与氧气反应，生成具有强氧化性的·O₂⁻，增加了 g-C₃Cl₃N₃(H⁺)的降解有机污染物的能力。

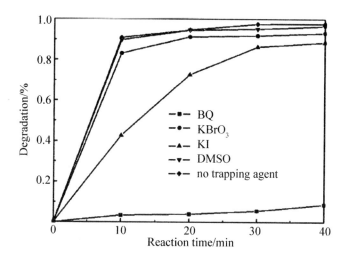

图 1-30　捕获剂对 g-C₃N₄/C₃Cl₃N₃(H⁺)降解 RR 的影响

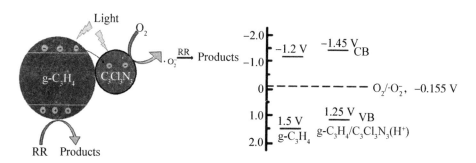

图 1-31　g-C₃N₄/C₃Cl₃N₃(H⁺)催化剂在可见光下降解 RR 的原理图

研究表明[80]，经过 C₃Cl₃N₃ 改性后所生成的聚合物 g-C₃N₄/C₃Cl₃N₃

（H^+）中存在 Cl 原子，同时分子的共轭度和刚性增加，提高了分子的共平面性，导致在可见光照射下电子从 $g-C_3N_4$ 转移到 $C_3Cl_3N_3$ 的吸电子基团 Cl 原子上，改变电子的能带结构，带隙位置上移，使电子更容易与氧气反应，生成具有强氧化性的 $\cdot O^{-2}$，显著提高了 $g-C_3N_4/C_3Cl_3N_3$（H^+）的可见光吸收能力和降解有机污染物的能力，因此，$g-C_3N_4/C_3Cl_3N_3$（H^+）在治理染料废水有机污染物领域具有潜在的应用前景。

参考文献

[1] 范乾靖，刘建军，于迎春，等. 新型非金属光催化剂——石墨型氮化碳的研究进展[J]. 化工进展，2014，33（5）：1185 – 1194.

[2] Kroke E, Schwarz M, Horath-Bordon E, et al. Tri-s-triazine derivatives. Part I. From trichloro-tri-s-triazine to graphitic C_3N_4 structures[J]. New Journal of Chemistry，2002，26（5）：508 – 512.

[3] Wang X, Blechert S, Antonietti M. ACS Catal.，2012，2：1596.

[4] Wang X, Maeda K, Thomas A, et al. Nat. Mater.，2009，8：76.

[5] Maeda K, Wang X, Nishihara Y, et al. J. Phys. Chem. C，2009，113：4940.

[6] 张金水，王博，王心晨. 氮化碳聚合物半导体光催化[J]. 化学进展，2014，26（1）：19 – 29.

[7] Gillan E G. Synthesis of nitrogen – rich carbon nitride networks from an energetic molecular azide precursor[J]. Chemistry of Materials，2000，12（12）：3906 – 3912.

[8] Deifallah M, Mcmillan P F, Cora F. Electronic and structural properties of two – dimensional carbon nitride graphenes[J]. The Journal of Physical Chemistry C，2008，112（14）：5447 – 5453.

[9] Cui Y, Ding Z, Liu P, et al. Metal – free activation of H_2O_2 by $g-C_3N_4$ under visible light irradiation for the degradation of organic pollutants[J]. Physical Chemistry Chemical Physics，2012，14（4）：1455 – 1462.

[10]戴树桂. 环境化学,北京:高等教育出版社,2001.

[11] Turro N. J. Moden Molecular Photochemistry, New York: Benjamin, 1978.

[12] Arnold D. R. , et al. Photochemistry, an Introduction, New York: Academic Press, INC, 1974.

[13]樊美公. 光化学基本原理与光子学材料科学,北京:科学出版社,2001.

[14]韩德刚,高盘良. 化学动力学基础,北京:北京大学出版社,2001.

[15] Linsebigler A, Lu Guangquan, John T Y. [J]. Chem. Rev. , 1995, 95:735.

[16] Matthews R W. J. Catal. ,1988,113:549.

[17]傅宏刚,王建强,王哲,等. 黑龙江大学自然科学学报,2001,18(3):85.

[18] Spanhel L, Haase M, Weller H, et al. J. Am. Chem. Soc. , 1987, 109:5649.

[19] Rothenberger G, Moser J, Gratzel M, et al. J. Am. Chem. Soc. , 1985, 107:8054.

[20] Howe R F, Gratzel M. J. Phy. Chem. ,1987,91:3906.

[21] Gratzel M. Heterogeneous Photochemical Electron Transfer[M]. Boca Raton:CRC Press,1989.

[22]张彭义,余刚,蒋展鹏. 环境科学进展,1997,5(3):1.

[23] Ramanmurthy V. Photochemistry in Organized and Constrained Media. New York:VCH,1991.

[24]Zhou X L,Zhu X Y,White J M. Surf. Sci. Rep. ,1991,13:73.

[25]王传义,刘春艳,沈涛. 高等学校化学学报,1998,19(12):2013.

[26]Poznyak S K,Pergushov V J,KoKorn A I,et al. J Phys Chem B,1999, 103:1308.

[27]崔玉民,范少华. 感光科学与光化学,2003,21(3):161.

[28]Bedia I,Prashant V Kamat. J Phys Chem,1995,99:9182.

[29]Vogel R,Hoger P,Waller H. J Phys Chem,1994,98:3183.

[30]Vogel R,Pohl K,Waller H. Chem Phys Lett,1990,174:241.

[31]范山湖,孙振范,邬泉周,等. 物理化学学报,2003,19(1):25.

[32]Minero C,Mariella G,Maurino V,et al. Langmuir,2000,16:2632.

[33]Andrew M,Sian M. J Photochem and Photobio A:Chem,1993,71:75.

[34]Liu G M,Li X Z,Zhao J C,et al. J Mol Catal A,2000,153:221.

[35]Turchi C S,Ollio D F. J. Catal. ,1990,122:178.

[36] Anderson M. Photocatalytic Purification of Water and Air, 1993,(1):405.

[37]Mathens R W. Anal Chem Acta,1990,23:3171.

[38]Tunesi S. J Phys Chem,1991,95:3399.

[39]Magrini. Solar Engineering,1994,28:435.

[40]王怡中,符雁. 环境科学,1998,19(1):1.

[41]崔玉民,范少华. 洛阳工学院学报,2002,23(2):85.

[42]崔玉民,朱亦仁,王克中. 工业水处理,2001,21(2):9.

[43]李旦振,郑宜,付贤智. 物理化学学报,2002,18(4):332.

[44] Coelho R. Physics of Dielectrics for the Engineer. Trans. Li SY, Lu JL. Beijing:Science Press,1984:35[李守义,吕景楼译. 电介质物理学. 北京:科学出版社,1984:35].

[45]Duan Ai - Hong. Journal of Yunnan Nomal Univ. ,1998,18(3):89.

[46]李名复. 半导体物理,北京:科学出版社,1991:1791.

[47]洪文珊,李慧泉,崔玉民. 材料导报,网络版,2011,6(2):34 - 36.

[48]王芹,陶杰,等. 氧化钛纳米管的合成机理与表征[J]. 材料开发与应用2004,19(5):92 - 12.

[49]Amar Kumbhar, George Chumanov[J]. Journal of Nanoparticles Research,2005,7:489 - 498.

[50]赖跃坤,孙岚,等. 氧化钛纳米管阵列制备及形成机理[J]. 物理化

学学报,2004,20(9):1063-1066.

[51]Wang X,Maeda K,Thomas A,et al. Nat. Mater. ,2009,8:76.

[52]Zhang J, Chen X, Takanabe K, et al. Angew. Chem. Int. Ed. , 2010, 49:441.

[53]Cui Y,Ding Z,Liu P,et al. Phys. Chem. Chem. Phys. ,2012,14:1455.

[54]Wang X,Blechert S,Antonietti M. ACS Catal. ,2012,2:1596.

[55]Maeda K, Wang X, Nishihara Y, et al. J. Phys. Chem. C, 2009, 113:4940.

[56]Chen X,Zhang J,Fu X,et al. J. Am. Chem. Soc. ,2009,131:11658.

[57]Ding Z,Chen X,Antonietti M,et al. Chem Sus Chem,2011,4:274.

[58]Yan S,Li Z,Zou Z. Langmuir,2009,25:10397.

[59]Kiskan B,Zhang J,Wang X,et al. ACS Macro Lett. ,2012,1:546.

[60]Xu Y,Gao S. Int. J. Hydrogen Energ. ,2012,37:11072.

[61]Wei W,Jacob T. Phys. Rev. B,2013,87:085202.

[62]Pan H,Zhang Y,Shenoy V,Gao H. ACS Catal. ,2011,1:99.

[63]Ma X, Lv Y, Xu J, Liu Y, Zhang R, Zhu Y. J. Phys. Chem. C, 2012, 116:23485.

[64]Liu G, Niu P, Sun C, Smith S, Chen Z, Lu G, Cheng H. J. Am. Chem. Soc. ,2010,132:11642.

[65]Dong G,Zhao K,Zhang L. Chem. Commun,2012,48:6178.

[66]Chen G,Gao S. Chinese Phys. B,2012,21:107101.

[67]Aspera S,David M,Kasai H. Jpn. J. Appl. Phys. ,2010,49:115703.

[68]Aspera S,Kasai H,Kawai H. Surf. Sci. ,2012,606:892.

[69]Di Y,Wang X,Thomas A,et al. Chem Cat Chem,2010,2:834.

[70]Meng Y,Shen J,Chen D,et al. Rare Metals,2011,30:276.

[71]Ge L, Han C, Liu J, et al. Appl. Catal. A: General, 2011, 409/ 410:215.

[72]Li X,Wang X,Antonietti M. Chem. Sci. ,2012,3:2170.

[73] Liu J, Zhang Y, Lu L, et al. Chem. Commun. , 2012, 48:8826.

[74] Guo Y, Chu S, Yan S, et al. Chem. Commun. , 2010, 46:7325.

[75] Takanabe K, Kamata K, Wang X, et al. Phys Chem Chem Phys, 2010, 12:13020.

[76] Min S, Lu G. J. Phys. Chem. C, 2012, 116:19644.

[77] Wang Y, Hong J, Zhang W, Xu R. Catal. Sci. Technol. , 2013, 3:1703.

[78] He Y, Cai J, Li T, et al. Ind. Eng. Chem. Res. , 2012, 51:14729.

[79] 陈秀芳. 福州大学博士论文, 2011.

[80] 张晓楠, 孙玉东, 李乃瑄. 石墨相氮化碳/三聚氯氰复合光催化剂的制备及其光催化活性[J]. 应用化学, 2916, 33(7):820 - 826.

[81] Cao J, Zhao Y J, Lin H L, et al. Ag/AgBr/g - C_3N_4:A Highly Efficient and Stable Composite Photocatalyst for Degradation of Organic Contaminants under Visible Light[J]. Mater Res Bull, 2013, 48(10):3873 - 3880.

第 2 章

氮化碳的制备方法

氮化碳以其原料价格便宜、光催化活性较高、稳定性好，尤其是它不含金属元素的突出优点，使它成为一种新型的光催化剂[1-4]，但是，单一相氮化碳催化剂通常因其量子效率低而使其光催化活性表现不够高[5]。由于氮化碳($g-C_3N_4$)材料的光生电子与空穴的复合率比较高，从而导致了其光催化效率也比较低[6]，这就限制了它在光催化技术方面的应用。最近几年，研究人员为了提高氮化碳($g-C_3N_4$)光催化活性，研究了许多修饰方法。对氮化碳($g-C_3N_4$)进行修饰的非金属包括 S、C、B、F、N、P 等元素，普遍认为这些非金属元素取代了 3-s-三嗪结构单元中的 C、N、H 元素，使得氮化碳($g-C_3N_4$)形成晶格缺陷，从而导致其光生电子与空穴对获得有效分离，也就导致了其光催化活性得到有效提高。Zhang 等[7]研究了 P 掺杂 $g-C_3N_4$ 催化剂制备方法，他们利用双氰胺与 $BmimPF_6$ 充分混合，经过高温煅烧，冷却后获得磷掺杂氮化碳($g-C_3N_4$)光催化剂，其研究表明：经过 XPS 分析磷元素取代了结构单元中的碳，少量磷掺杂虽然不能改变氮化碳($g-C_3N_4$)结构，然而，使得氮化碳($g-C_3N_4$)电子结构得到明显改变，光生电流也得到明显地提高。Yan 等[8]以三聚氰胺、氧化硼为前驱体，将二者的混合物加热分解制备了 B 掺杂 $g-C_3N_4$，其研究表明：XPS 光谱分析显示 B 元素取代了 $g-C_3N_4$ 结构中的 H 元素，另外，通过光催化降解罗丹明 B 染料阐明了 B 掺杂 $g-C_3N_4$ 同时提高了催化剂对光吸收能力，并且，光催化降解罗丹明 B 的效率得到较大提高。Liu 等[9]报道：在 H_2S 气氛里，把 $g-C_3N_4$ 于 450℃ 煅烧制备了具有特殊结构的硫元素掺杂 $g-C_3N_4$ 的 CNS 催化剂,通过 XPS 分析表明硫元素取代了 $g-C_3N_4$ 结构中的氮元素。其结果表明:当 $\lambda > 300$ 及 420nm 时,硫元素掺杂 $g-C_3N_4$ 催化剂光催化分解水产氢的效率分别比纯 $g-C_3N_4$ 提高了 7.2 和 8.0 倍。Wang 等[10]研究了 B、F 掺杂 $g-C_3N_4$ 光催化剂,其采用 NH_4F 做氟源与 DCDA 结合制得氟掺杂 $g-C_3N_4$ 催化剂(CNF)。其结果显示氟已掺入 $g-C_3N_4$ 的骨架中,并形成了 C—F 键,导致其中一部分 sp^2C 转化为 sp^3C,因此造成 $g-C_3N_4$ 平面结构不规整。并且,随着氟掺杂质量增加,CNF 对可见光吸收范围也随着扩大,然而,其对应的能带宽度从 2.69eV 降到 2.63eV。接着他们又用 BH_3NH_3 做硼源,制备了硼掺杂的 CNB 光催化剂[11],并经过表征分析发现硼掺入取代了 $g-C_3N_4$ 结构中的碳元素。Lin 等[12]以四苯硼钠作硼源,在掺杂硼的同时,又由于苯基离去作用导致 $g-C_3N_4$ 形成薄层结构,其层厚在 $2\sim5nm$ 范围内,从而降低了光生电子到催化剂表面所需要消耗的能量,也就提高了光催化效率。

在理论的指导下,研究人员采用各种手段试图合成这种新的高硬度、低密度的非极性共价键化合物[13]。惯用制备法:振荡波压缩[14]、高压热解[15]、激光烧蚀、离子注入[16]、低能离子辐射[17]、离子束沉积[18]、反应溅射[19]、化学气相沉积[20,21]、脉冲激光诱导[22]、电化学沉积[23,24]、电弧放电[25,26]等方法。然而,所制备的这种超硬材料并不是很理想,其原因主要为制备产物大多数为非晶态碳化氮薄膜,只有少数实验[27]获得纳米级碳化氮晶体颗粒镶嵌在非晶态薄膜中,很难获得大颗粒晶体。另外,目前尚没有天然存在标样,并且,因为氮化碳几种相态能量比较接近,所制备薄膜很难获得单一相氮化碳化合物,造成对这种材料表征存在很大困难,例如,如何准确解释红外光谱(FT-IR)吸收峰位置[21],如何解释 X 射线衍射(XRD)或透射电镜(TEM)结果与理论值之间存在较大差别[28],如何解释 Raman 光谱仅表现为石墨或无定形炭的特征光谱[29]等,这些困难的存在,目前,导致氮化碳研究进展比较缓慢。然而,另外一些结果展示非晶态碳化氮薄膜也具有很高硬度[30]、耐磨性[31]、储氢性能[32]及优异的场发射性能[33]、气敏性能[34]等,都应该引起研究人员进行深入研究。

§2.1 电化学沉积法[35,13]

对于 C_3N_4 的五种结构来说，$\beta-C_3N_4$ 和 $g-C_3N_4$ 的稳定性关系就像金刚石和石墨之间的关系。$g-C_3N_4$ 作为一种新型材料，它在半导体材料中其性能是优良的，并且，它在光学、力学等研究领域具有广泛应用前景，所以，研究人员采用许多方法来制备这种新材料。其中，在很多固态材料的制备中，电化学沉积法具有广阔应用。电化学沉积技术具有设备简单、控制容易、不需要高温高压等优点。李超等[36-37]研究了在室温常压下，利用 Si(100) 基片为衬底，以三聚氯氰和三聚氰胺的丙酮饱和溶液为沉积液(三聚氯氰与三聚氰胺比例为 1:1.5)，采用 1200V 电压合成了含有 $g-C_3N_4$ 晶体的 CN_x 薄膜。其经过 XPS(X 射线光电子能谱) 分析表明，在 CN_x 薄膜中，C、N、O 元素所占百分比分别为 52.38%、39.22%、8.40%，说明在沉积薄膜中，主要元素是 C、N，并且 N 与 C 之比为 0.75:1(即 N:C = 0.75:1)。选择的基片和电压对于沉积过程具有重要影响。以铟锡氧化物(ITO) 导电玻璃做基片与 Si(100) 做基片相比，其沉积速度要快，提高电压能加快沉积反应速度。所选择的衬底和沉积液对于沉积的 C_3N_4 薄膜中含 N 量、结构和性能具有重要影响。采用不同沉积液，以三聚氯氰和三聚氰胺的饱和乙腈溶液作沉积液(三聚氯氰和三聚氰胺比例为 1:1.5)，在室温常压下，以 Si(100) 为衬底进行电化学沉积所得 CN_x 薄膜，其主要元素为 C、N，且 N 与 C 之比为 0.81:1；用二氰二胺分散在 N，N-二甲基甲酰胺(DMP) 中形成溶液为沉积液，在 ITO 导电玻璃基底上，阴极电化学沉积所获得 CN_x 薄膜中，其 N/C 比在 0.7 左右，C 和 N 主要以 C-N、C=N 成键形式，仅有少量形式的 C≡N 键；用镀有 ITO 的导电玻璃作衬底，以双氰胺的饱和乙氰溶液做沉积液，在阴极上合成了含量 N 高的 C_3N_4 薄膜，经过分析得知，N 与 C 之比为 1.22:1(N:C = 1.22:1)，这个值与理论计算值比较接近，该薄膜纳米硬度值为 11.31GPa。近年来，很多研究人员之所以将目光转向用电化学反应合成方法来制备薄膜，这是因为，

在气相沉积条件下 N_2 具有高度热力学稳定性而难以获得合成氮化碳晶体所需要的大量 C－N 单键,然而,对于电化学反应合成法,可以采用含有大量 C－N 单键的高氮含量有机物为反应前驱体,能够有效地降低沉积温度和反应能垒。Fu 等[38]首先采用电化学沉积技术合成了氮化碳材料,并以乙氰、二氰二胺的丙酮溶液为前驱体,分别获得氮质量分数为 25% 的 CN_x 薄膜及氮碳原子比为 48% 的 CN_x 薄膜。所选择的衬底和沉积液对电化学沉积 CN_x 薄膜的氮含量、结构和性能具有重要影响。李超等[24]采用镀有铟锡氧化物的导电玻璃为衬底和以双氰胺的饱和乙氰溶液为沉积液在阴极上合成了含氮高的 CN_x 薄膜。经过分析得知 N∶C = 1.22(氮碳比),这与理论计量值 1.33 接近,其薄膜纳米硬度值达 11.31 GPa。并经过 XPS 和 FT－IR 分析得知,薄膜中存在 C－N 和 C＝N 键。提高工作电压和改变电极结构造成电极间出现火花放电实验证实薄膜中含有 C_3N_4 晶体[23],进一步研究得知,含氮有机物在强电场的作用下,分子发生断裂,生成了碳氮直接相连的分子碎片,这样对于氮化碳晶体生成是有利的。然而,对于 XRD 的分析结果仍然存在不确定衍射峰。另外,电化学沉积法合成氮化碳薄膜的反应机理还有待于进一步研究证实。Montigaud 等[39]第一次以有机分子晶体为原料,采用溶剂热反应合成了石墨相氮化碳材料。其经过 XPS 分析获得薄膜中仍然存在 NH 和 NO 键等。Guo 等[40]研究表明,将氰尿酰氯与不同物质反应合成了类洋葱薄片状和类石墨相的含氮高的碳氮化合物,并且,利用 XRD、XPS、FT－IR、Raman、TEM 等技术手段对其进行了表征,证实了石墨相碳氮化合物的存在。大量文献报道了利用热分解反应不同的有机分子前驱体,制备含氮高的薄膜和氮化碳粉末研究结果。Barbara 等[41]分别采用理论和实验详细研究了热化学反应机理。就目前而言,在化学合成方法研究中,采用不同结构的碳氮有机物为氮化碳合成的前驱体,然而,其所合成的产物大多是非晶氮化碳薄膜和其他有机物以及非晶碳等[42-44]。

在合成氮化碳晶体研究过程中,不同的研究者采用相同的合成技术,在晶体形貌的直观观察、光谱分析和结构测定等方面很难找到可以相互验证的研究结果,而氮化碳晶体合成难点主要在低温下碳、氮原子不足以克服形成氮碳单键的反应能垒,而在高温下氮、碳原子较易形成稳定碳结构,所以,寻找有利于形成 $sp^3 C - N$ 单键的条件和方法是合成氮化碳晶体材料的关键。

§2.2　离子注入法[13]

离子注入法可以获得各种结构的亚稳态材料,这种方法是通过能量方式克服热力学条件的限制而进行的。理想配比的晶体材料合成可通过对离子能量和剂量的控制来完成,例如,合成 Si_3N_4 晶体可通过 N 离子注入 Si 材料。所以,利用 N 离子注入技术寻求氮化碳晶体的合成也引起人们的关注,该重点集中在注入基片材料的选择和基片温度的影响及氮离子能量等方面。一般所用注入基片为无定形炭膜、高纯石墨和化学气相沉积法制备金刚石薄膜。谢二庆等[45]把氮离子注入到金刚石薄膜中,观察到所需要的 CN 键存在于所合成的 $\beta - C_3N_4$ 晶体中。曹培江等[46]发现氮离子能量对 CN 键形成产生影响,其研究表明当氮离子能量较低时(10keV),有利于形成 sp^3 CN 键。所要注入离子的能量和基片温度对薄膜中含氮量及结构产生较大影响,当注入离子能量低和基片温度低时,能够提高薄膜的含氮量及 sp^3 CN 数量。Lee 等[16]把氮离子注入炭膜后,所获得发现薄膜的硬度得到显著提高,并且,在较低的温度下(低于 100℃)获得最佳硬度。因为高能氮离子束易引起炭基体的非晶化和石墨化,造成用氮离子注入合成氮化碳晶体的研究受到较大影响。目前,把氮离子注入无定形氮化碳薄膜改善其薄膜的结构、性能和提高含氮量成为离子注入法中主要研究方向[47]。

§2.3　离子束溅射法[35,13]

什么叫离子束溅射法?就是通过高频电场或直流电使惰性气体发生电

离,产生等离子体,电离所产生的电子和正离子高速轰击靶材,导致靶材分子或原子溅射出来沉积到基板上形成薄膜。该法优点为:(1)环境气压低,离子源与真空室分离,能减少溅射粒子飞向基片过程中的非弹性散射;(2)能够独立控制离子束能量,精确扫描和聚焦;(3)薄膜沉积速率高。Satoshi Kobayashi 等[48]以离子束溅射沉积法,利用 Ge 或 Si 做衬底,在室温条件下制备了 $C_{1-x}N_x$ 薄膜。该薄膜沉积实验装置见图 2 – 1,图 2 – 1 中的基底、靶和离子源都被安放于背景压力为 1.33×10^{-4} Pa 真空室内。该沉积室与制备金刚石薄膜的实验装置相同,其区别在于用氢气和氩气取代氮气被引入。利用 N 离子束(从考夫曼型离子源萃取出的)轰击纯石墨靶(直径为 10cm),靶与衬底间的夹角和离子束与靶的入射角均约是 45°。在沉积实验过程中,气体压力(pN)、阳极偏压(Van)和离子流密度(ji)分别固定在 0.04Pa、120V 和 0.5mA/cm² 。其研究结果在薄膜中存在 C = N 共轭双键和 C≡N 三键。
孙洪涛等[49]以厚为 3mm、直径为 100mm 的高纯石墨(99.95%)为靶材,以

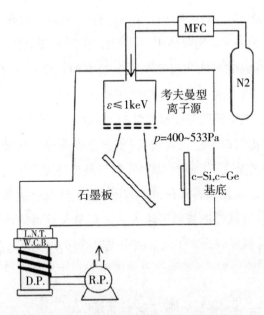

图 2 –1 反应离子束溅射沉积实验装置

(100)单晶硅为衬底材料,以高纯氮气(99.9%)做溅射反应气体,于700~1200eV 范围内,以改变氮离子束能量方式制备了氮化碳薄膜。实验表明,当提高氮离子束能量时,有利于形成 C-N 键,薄膜有序性也增大了;并且,伴随氮离子束能量增大,薄膜在衬底上沉积速率降低,在薄膜结构中的团簇尺寸发生显著下降,团簇逐渐趋于分布均匀。Z. B. Zhou 等[50]以高纯石墨(99.95%)作靶材,以高纯氮气(99.999%)做溅射反应气体,在背景压力为 1×10^{-4}Pa 的真空室内,制备了 $\alpha - CN_x$ 薄膜(x = 0.2)。XPS 分析表明,所获得 α—CN_x 薄膜为 n 型半导体。

具有高硬度特征和低摩擦系数的无定形 CN_x 薄膜主要是通过反应溅射技术制备的。一般采用氮气或混合气体(氮气和氩气混合)对高纯石墨靶[19]、C_{60} 薄膜[51]或者碳氮有机靶[52]进行溅射。在利用反应溅射法制备 CN_x 薄膜时,影响薄膜质量的关键因素为 N_2 的分压、基片温度和离子能量。Lacerda[53]、Broitman[54]等研究发现,伴随氮气分压升高,薄膜应力下降,但是,薄膜结构主要是受基片温度影响,随着基片温度升高,薄膜的石墨化程度随着加重。实验结果显示,所分离氮源和碳源不是有效的合成 CN_x 的前驱体,而理想的合成前驱体是具有类似于 CN_x 结构中环状结构的高氮碳原子比的环状有机物,由于它能使 C 与 N 成键反应能垒和沉积温度降低。Lu 等[55]首先发现,在低于100℃下,用氩离子溅射生物分子有机靶能够在各种基片上沉积 $\beta - C_3N_4$ 薄膜。XRD、XPS 和 TEM 分析验证了纳米氮化碳颗粒存在。有关文献已经详细地报道了关于离子能量、基片温度和靶基距等对所制备 CN_x 薄膜性能和结构的影响[56]。无定形含氮量较低的 CN_x 薄膜是通过反应溅射法制备的,其主要原因为溅射法中基片温度较低导致的,因为这对表面原子的扩散不利,从而造成 CN_x 薄膜的生长变得困难;然而,基片温度提高,减少了沉积到基片上 N、C 粒子的驻留时间,从而导致了 N、C 粒子的解吸附作用增强,对于膜的沉积是不利的。把 N 气氛下的高温、常压热处理与反应溅射技术相结合,对非晶氮化碳向晶态转变是有利的[57]。选择合适的有机物为溅射的靶材来研究不同靶材的可能反应机理,将是反应溅射的一个重要研究方向[58]。

§2.4　高温高压法[13]

在理论预言下,结晶 CN_x 是一种亚稳态材料,高温高压法是其有效的合成方法。采用高温高压法制备 CN_x 主要探索了不同反应物对制备产物的影响。Wixom 等[59]采用振荡波压缩实验技术在合成立方金刚石和氮化硼条件下,压缩三聚氰胺树脂进行热解,仅仅获得金刚石相和石墨的混合物。Maya 等[60]在封闭实验体系内进行高温热解 CN_x 有机晶体,在有效控制氮流失条件下,获得无定形 CN_x 化合物。Nguyen 等[61]利用无定形炭、石墨和 C_{60} 与氮气混合等多种碳源在 30GPa、2000K 条件下,制备了一种未知的立方 CN_x 相,通过 XRD 分析表明,所制备的产物与初始材料密切相关。贺端威等[62]在 1400℃、7GPa 条件下,利用镍做催化剂热解 $C_3N_4H_4$ 制备了 α 相、β 相 CN_x、石墨以及未知碳氮相,结果发现,利用高温高压制备 CN_x 晶体时,反应物(前驱体)中应尽量避免含有碳、氮、氢以外的其他元素。其 XRD 峰中除了强的触媒合金衍射峰外,还有很弱的可归为 α 相、β 相氮化碳的衍射峰以及一些未知衍射峰,其样品没有经过 Raman 光谱和 TEM 表征。因为所制备产物是多相混合物,并且,结晶比较差,导致所制备产物的结构和性能准确分析表征产生很大困难。Badding 等[63]报道了在高压下制备 CN_x 化合物的热力学分析,其研究发现在高压条件下生成 CN_x 化合物是可以进行的。然而,到目前为止高温高压法没有获得理想的研究结果,其主要原因在高压过程中金刚石相比结晶 CN_x 更加稳定,另外,在高压过程中,针对热力学反应没有得到有效的控制。由于没有获得足够热力学数据,致使高温高压法制备 CN_x 研究具有很大的盲目性。Teter 和 Hemley 通过理论计算表明[64],从石墨相 CN_x 向立方相的 CN_x 转变仅需要 12GPa 的压力,所以,当利用合适的反应前驱体时,高温高压的条件并不是很苛刻。高温高压法制备亚稳态物质时,一般需要用比它更稳定的物质作为前驱体,目前,有些研究发现,先采用化学制备法[65]或者气相沉积[66]法制备非晶 CN_x,然而,经过对这些研究结果衍射和透射分析表明,其产物为无定形相或者与理论预言的 CN_x 相产生较大差别。研究发现,类石墨相 CN_x 是高温高压法最理想的合成前驱体,所以,纯类石墨相 CN_x 的制备将是高温高压合成 CN_x 晶体的关键。

§2.5 爆炸冲击合成法[35]

近年来,新兴起的爆炸冲击合成化学是一个崭新的科技领域,由爆炸冲击过程提供的瞬时高压、高温导致材料的性质发生了复杂变化。于雁武等[67,68]以 RDX(单质炸药黑索今)为高温、高压源,用双氰胺做主要前驱物质,利用爆炸冲击合成法,制备了含 $\beta - C_3N_4$ 单晶的 C_3N_4 粉末。其实验装置如图 2 - 2 所示。该法获得的粉末状 C_3N_4 是粒度不均匀混合物,其中,包括 $1 - 2\mu m$ 的 $\beta - C_3N_4$ 晶粒,直径范围在纳米与微米之间为球形团聚体,还有纳米级的 C_3N_4、SiO_2 晶间相、金属硅酸盐。通过 XRD 分析可知样品中含有极少量的 SiO_2 晶体,其微弱的特征峰衍射或许被淹没,或许以非晶态形式 SiO_2 存在。SEM 分析表明样品中存在六边形 $\beta - C_3N_4$ 晶粒,其粒度为 $2\mu m$ 的,粒度和形貌都与理论预计相符。EDS 表征可知样品中 C、N 元素的质量比是 1∶2.98,比理论比值 1∶1.56 高。

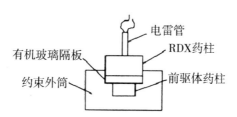

图 2 - 2 爆炸冲击合成法实验装置

§2.6　激光束溅射法[13]

Niu 等[27]首次报道了关于 $\beta - C_3N_4$ 晶体的人工合成实验结果,他们同时以脉冲激光烧蚀石墨靶和高能氮原子束制得纳米尺寸的 $\beta - C_3N_4$。他们研究发现所制得的薄膜中含氮量与氮原子流量相关,他们研究表明当没有氮原子或只有 N_2 气氛条件下,仅得到无定形炭,所以,他们认为原子态氮碳间反应为制备 CN_x 薄膜的必要条件。当基片温度为 165 ~ 600℃ 范围时,对薄膜中 C/N 原子比的影响不是很大,当在 N_2 环境中、800℃ 热处理薄膜时,并没有观察到氮的损失。经过 XPS 表征显示碳氮键是非极性共价键,其所获得的 TEM 数据与 $\beta - C_3N_4$ 晶体的理论计算值非常吻合。然而,该法所获得的炭氮薄膜的结晶度比较差,并且,$\beta - C_3N_4$ 晶体的晶体颗粒直径小于 10nm,该研究没有给出 CN_x 晶体的直观 SEM 形貌图,并且,该实验结果很难重复。氮气压力、激光强度、靶与基片的距离在激光束溅射合成中对 CN_x 薄膜的结构产生直接影响[69,70]。当提高氮气压力时,能够提高 CN_x 薄膜中氮质量百分含量,然而,当氮气压强超过 500Pa 时,将造成石墨粉在样品表面沉降,即阻止 CN_x 薄膜沉积;靶与基片距离的增大,能够提高氮分子与碳粹片碰撞概率,使得氮掺入概率增大,也就提高了氮的含量。主要为 C^+ 离子、C 原子、N^{2+} 和 CN 等基团向基片沉积[71],这是通过发射光谱分析激光轰击石墨靶后的产物表征获得的。目前,在低温下用激光束溅射法合成 CN_x 薄膜,所得产物主要为无定形氮化碳和纳米尺寸的颗粒镶嵌于非晶薄膜中,并且形成 C - N,C = N 和 C 三 N 的混合键,其中,N 与 C 以 sp^2C 结合为主,在高温下,仅获得含少量氮的无定形炭膜[71,72]。利用激光束溅射含 CN 键的有机物,有希望克服在低温下 C、N 成键的困难,因此,取得较满意的研究结果。

§2.7　等离子体化学气相沉积法[13]

在 CN$_x$ 晶体合成研究过程中,与其他合成法相比,对于晶体的形貌和提高氮含量方面,化学气相沉积法取得了较为理想的研究结果。目前,常见的化学气相沉积法主要有电子回旋共振(ECR)微波、等离子体化学气相沉积、热丝等离子体化学气相沉积和射频等离子体化学气相沉积等。常见的气源通常为 $CH_4 + N_2$、$CH_4 + NH_3$、$CH_4 + N_2 + H_2$ 等。等离子体化学气相沉积合成 CN$_x$ 的研究大多数是在硅基体上完成的,其研究结果往往受到硅衬底的影响。张永平等[73]研究报道,利用微波等离子体化学气相沉积技术,制备了在硅片上沉积的晶形较好的 $\beta - C_3N_4$,经过能谱分析,发现 N/C 原子比为 1.1 - 2.0,XRD 显示该薄膜是 $\alpha - C_3N_4$ 和 $\beta - C_3N_4$ 的混合物,红外及 Raman 光谱表明有 CN 共价键存在,然而,在同样沉积条件下,在镍片上沉积的 CN$_x$ 薄膜不具有明显晶体形貌,其结果显示硅原子对 CN$_x$ 结晶存在重要影响。陈光华等[74]采用射频等离子体增强加负偏压辅助热丝法,在硅片上合成了多晶 C_3N_4 薄膜,XRD 分析获得衍射峰的位置与 $\alpha - Si_3N_4$ 的衍射峰位置比较接近,所以 CN 薄膜与 Si 衬底之间组成 SiCN 过渡层。Fu 等[75]研究发现,在硅基片上利用微波等离子体在金刚石的沉积条件下,逐渐提高反应气体中氮气比例,表明薄膜由(111)晶面显露的金刚石晶体变为六棱柱状的 SiCN 晶体。在化学气相沉积条件下,大量实验证实少量的硅有利于获得良好形貌的晶体[76]。为了排除 Si 的影响,王恩哥[77]等采用偏压辅助热丝化学沉积法,在 Ni 衬底上合成了 C_3N_4 单晶六棱体,其晶体形貌清晰,长为 1μm - 3μm,横截面尺寸为 300nm,XRD 和 TEM 表征为 $\alpha - C_3N_4$ 和 $\beta - C_3N_4$ 以及未知的碳氮相,然而,Raman 光谱显示在 400cm^{-1} - 3000cm^{-1} 区域内没有出现理论计算的 Raman 特征峰。大量文献研究表明:当采用化学气相沉积法在硅衬底上生长氮化碳晶体时,同时存在 Si_3N_4、SiCN 和 C_3N_4 的竞相生长,对于其生长机理,目前还没有统一的定论。关于硅原子在等离子体化学气相沉积中,对 C_3N_4 晶体生长的影响,这在理论和实验指导方面具有重要意义;然而,在与碳、氮没有化学键合金属基体(如铜)上,引入少量的硅原子研究在沉积初期硅原子促进 C_3N_4 结晶的作用,对于等离子体化学气相沉积方面的研究,寻找合适的基体材料非常重要。具有 sp^3 杂化 C 构成的金刚石是非极性共价晶体,氮化碳是由 sp^3 杂化 C 和 sp^2 杂化 N 结合构成的共价晶体,所以,利用化学气相沉积合成的金刚石薄膜做等离子体化学气相沉积 C_3N_4 晶体的衬底,既有利于 sp^3 C – N 键的形成,促进氮化碳的形核生长,又有利于合成产物较易表征。目前,对于这方面的研究报道较少。

§2.8　氮化碳的改性合成法[78]

2.8.1　形貌调控

$g-C_3N_4$ 具有稳定、耐高温、合适的能带结构等优点而被作为新型催化剂,然而,因其比表面积仅约 $10m^2/g$,从而制约了其在催化领域中应用。大家都知道,具有不同形貌特征的催化剂,将具有不同的比表面积和不同的催化活性中心,一般经过增大其比表面积,导致其活性位点增多,从而提高其催化效率。所以,制备具有较大比表面积的介孔 $g-C_3N_4$($mpg-C_3N_4$)是提高氮化碳催化活性的重要方法之一。目前,介孔 $g-C_3N_4$($mpg-C_3N_4$)制备方法主要有软模板法和硬模板法。

(1)软模板法

硬模板法制备 $mpg-C_3N_4$ 步骤烦琐,并且,需要用腐蚀性很强的 HF 或 NH_4HF_2 除去模板,这不利实际操作和保护环境,因此,找到一种可以用软模板直接制备 $mpg-C_3N_4$ 的方法是研究者们所希望的。Wang 等[79]首次报道了采用软模板法制备 $mpg-C_3N_4$,且选择 TritonX – 100、P123、F127、Brij30、Brij58 和 Brij76 做模板剂,研究了一系列的合成反应。研究发现,因为 C_3N_4 的聚合温度接近或高于模板剂分解温度,造成模板剂提前分解而不能形成预期的介孔结构。然而,经过严格控制升温过程,能够获得较满意的结果,例如,采用 TritonX - 100 为模板剂获得了较好的介孔结构[图2-3(a)][79],根据模板剂比例不同,其比表面积为 $16 \sim 116m^2/g$,平均孔径为 3.8nm。另外,有机模板剂在煅烧过程中会造成一定量的碳沉积,造成碳氮比较高(>1)。后来,该研究小组[80]采用 BmimBF_4 作软模板,以双氰胺(DCDA)做反应前驱体,制备了具有海绵状结构的 mpg - C_3N_4[图2-3(b)]。其碳氮比为 0.65,孔容为 $0.32cm^3/g$,比表面积为 $444m^2/g$。这种掺有少量 B 和 F 的 mpg - C_3N_4 具有高效性、高选择性的催化作用,对环己烷氧化成环己酮的反应。Yan[81]以 PluronicP123 表面活性剂为模板剂,改用三聚氰胺做反应物,制得了比表面积达 $90m^2/g$,碳氮比达 0.68,且具有不规则蠕虫状孔结构的氮化碳。

软模板法因存在制备 mpg - C_3N_4 比表面积较小、孔结构分布不均匀,且不易控制等诸多问题,因而,研究进展比较缓慢,这是合成 mpg - C_3N_4 的难点。然而,因其具有环境友好、操作步骤简单等优点,依然引起研究者们的兴趣。

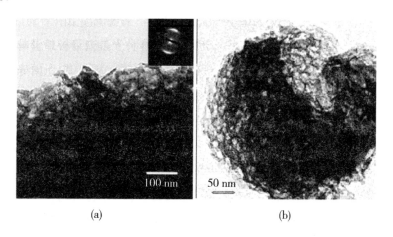

(a)　　　　　　　　　　　(b)

(a)、(b)分别以 TritonX - 100 和 BmimBF4 作模板剂,双氰胺为原料

图2-3　介孔氮化碳的 TEM 图

（2）硬模板法

利用硬模板法制备 mpg-C_3N_4 的基本思路：用介孔二氧化硅做模板，将其与合成 C_3N_4 有机前体充分混合，经过高温煅烧法，使有机前体转化为氮化碳聚合物，再利用 HF 或 NH_4HF_2 除去模板，便获得具有介孔结构的 mpg-C_3N_4。Vinu 等[82]以 SBA-15 为模板，分别以四氯化碳、乙二胺做碳源和氮源，首次制备了比表面积为 505m^2/g 的介孔氮化碳（MCN-1），其孔结构如图 2-4（a,b）[82]所示。XRD 分析[图 2-4（c）]显示在 27.2°处出现了表明 g-C_3N_4 类石墨层状堆积结构的特征衍射峰，对应的层间距为 0.342nm，比 0.326nm 的理论值略大，并且，其峰形变宽、强度降低，表明所制备的氮化碳结晶度较低。然而，MCN-1 的碳氮比约为 5，远高于 0.75 的理论值，表明其在制备过程中，发现较多的氮流失。他们为了提高氮含量，做了大量研究工作，结果表明：提高乙二胺与四氯化碳的配比[83]，可将 mpg-C_3N_4 碳氮比降为 3.3；若改用 IBN-4 做模板[84]，碳氮比可降为 2.3；若改用氨基胍做反应前体，获得的碳氮比在 0.6 的富氮 mpg-C_3N_4，而其比表面积也随之降为 300m^2/g[85]。Goettmann 等[86]选用粒径为 12nm 的 40% 的 SiO_2 水溶液为模板，氰胺做反应前体，成功制备了碳氮比为 0.71（接近理论值 0.75）、比表面积为 86-439m^2/g 的 mpg-C_3N_4。其原因为：这种水溶液模板能够与反应前体氰胺充分混合，导致模板的结构获得完整的复制。从图 2-5 的 mpg-C_3N_4 的 TEM 图可知，其孔结构分布均匀有序，XRD 图出现了 g-C_3N_4 的特征衍射峰，层间距为 0.326nm 与理论值相符[86]。综上所述，影响 mpg-C_3N_4 碳氮比的两个重要因素是反应前体中的氮含量和反应前体与模板的结合度，但是，对 mpg-C_3N_4 的比表面积和孔结构起决定性的作用是模板的孔结构。因此，Kailasam 等[87]采用溶胶-凝胶法直接制备比表面积 167m^2/g、碳氮比 0.67 的 mpg-C_3N_4；Park 等[88]直接以熔融的氰胺浸润 SBA-15 模板，合成比表面积为 361m^2/g、碳氮比为 0.89 的 mpg-C_3N_4。近来，Zhang 等[89]以熔融的氰胺浸润盐酸酸化后的 SBA-15，通过超声处理后，经过煅烧能将比表面积提高到 517m^2/g，其与模板 SBA-15 相近。这说明该方法能使氰胺完全进入模板的孔道中，因此，更好地复制模板孔结构。

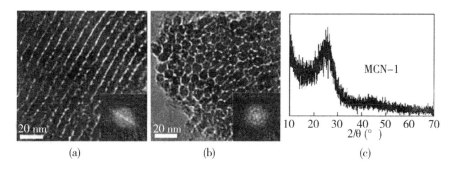

图 2 - 4　MCN - 1 的 HRTEM 图和 XRD 图

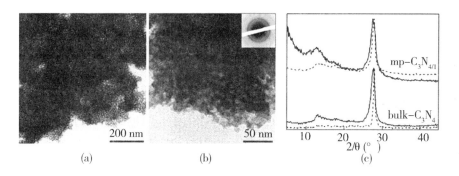

图 2 - 5　以 SiO₂ 纳米颗粒为模板制备的 mpg - C₃N₄ 的 TEM 图和 XRD 图

（3）其他方法

根据最近相关报道可以不用模板，而通过其他方法直接制备 mpg - C₃N₄，比如，用尿素[90]和硫脲[91]做原料，在空气中直接煅烧，煅烧过程中产生的气体将采用鼓泡的方式，导致 g - C₃N₄ 形成孔结构。该法能获得比表面积为 27 - 97m²/g 的 mpg - C₃N₄，然而，其产率很低。Jun 等[92]制得比表面积在 45 - 77m²/g 的 mpg - C₃N₄，他们的方法是在二甲基亚砜溶液中，以三聚氰胺和三聚氰酸进行自组装，生成一种平均粒径在 2 - 3μm 的球型超分子复合物，再对这种物质进行煅烧而制得。Yang 等[93]报道了利用溶剂剥离法合成了比表面积高达 384m²/g 的 mpg - C₃N₄。这些无模板直接制备介孔氮化碳的新方法，虽然获得的比表面积较小，而且，孔结构不规则，然而，它们不仅能克服硬模板法繁琐的合成步骤和对环境的危害性，而且，能避免软模板法中模板剂分解残留的问题,这将开辟介孔氮化碳的制备方法新途径。

我们课题组采取锻烧法制备了 $g-C_3N_4$:(1)称量二氰二胺 4.0g 置于坩埚中,放入箱式电阻炉中,在 550℃下锻烧 4h,冷却到室温,放入玛瑙研钵中进行研磨 20min,装入样品袋,即获得 CN 催化剂样品[94];(2)三聚氰胺放入一个有盖的氧化铝保护的坩埚中(防止三聚氰胺升华),将坩埚放入马弗炉中,于 580℃煅烧 4h。产物研细得到 $g-C_3N_4$[95];(3)称取硫脲、尿素、二氰二胺 5.0g 各三份,分别置于干净的瓷坩埚中,盖好盖子。编号分别为 1、2、3、4、5、6、7、8、9。将 1、2、3(分别为硫脲、尿素、二氰二胺)于 450℃的马弗炉中煅烧 2h,同理,将 4、5、6(分别为硫脲、尿素、二氰二胺)于 550℃的马弗炉中煅烧 2h,将 7、8、9(分别为硫脲、尿素、二氰二胺)于 650℃的马弗炉中的煅烧 2h,即可制得催化剂 $g-C_3N_4$ 样品[96]。

2.8.2 掺杂改性

利用常规方法制备 $g-C_3N_4$,不仅比表面积小,而且,由于光生电子和空穴快速复合,导致量子效率较低;除此之外,其可见光响应范围 <420nm,在太阳光能量中,对可见光的吸收也存在不足问题。经过元素修饰改性能有效改变 $g-C_3N_4$ 的电子结构,提高其对可见光的吸收范围,由此拓宽和调节其催化性能和应用范围。半导体复合或贵金属沉积能够形成异质结,在光催化反应中,能更有效地分离光生电子和空穴对,从而提高其光催化效率。

(1)非金属元素掺杂

Liu 等[97]研究发现,在 450℃下,把 $g-C_3N_4$ 置于流动的 H_2S 气氛中 1h,获得 S 掺杂的 $g-C_3N_4$,通过表征可知,S 取代 N 掺入 $g-C_3N_4$ 骨架中。因为 S 的电负性(2.58)比 N 的电负性(3.04)小,当其均匀地分布于 $g-C_3N_4$ 骨架中后,能够增大 $g-C_3N_4$ 价带的上边沿和导带的下边沿,导致 $g-C_3N_4$ 的带隙宽度从 2.73eV 提高到 2.85eV;与此同时,S 掺杂使 $g-C_3N_4$ 的比表面积从 $12m^2/g$ 增大到 $63m^2/g$,并且,使 $g-C_3N_4$ 的催化活性发生较大提高。在研究光解水制氢的实验过程中,发现 S 掺杂的 $g-C_3N_4$ 生成氢气的速度与未掺杂 $g-C_3N_4$ 的相比较提高了近 8 倍。Wang 等[98]深入研究了 B、F 掺杂的 $g-C_3N_4$

光催化剂,他们以 NH_4F 为 F 源,合成了 F 掺杂的光催化剂 $g-C_3N_4$(CNF)。实验结果显示,F 已掺入氮化碳的骨架中,形成了 C—F 键,导致部分 sp^2C 转化为 sp^3C,并且,使 $g-C_3N_4$ 的平面结构不规整。另外,随着 F 元素掺杂量增大,CNF 在可见光区域吸收范围逐渐扩大,而其对应的禁带宽度从 $2.69eV$ 降低到 $2.63eV$。后来,他们又用 BH_3NH_3 做 B 源,制备了 B 掺杂的 $g-C_3N_4$(CNB)光催化剂[99],光谱分析显示 B 元素取代了 $g-C_3N_4$ 结构中的 C 元素。在这里,B 作为一种强 Lewis 酸性位点,而 $g-C_3N_4$ 结构中的 N 是 Lewis 碱性位点,致使 CNB 具有酸碱双功能特性。近来,Lin 等[100]以四苯硼钠做 B 源,当引入 B 时,又由于苯的离去基团作用,使氮化碳形成薄层结构,层厚度在 $2\sim5nm$ 之间,这样能降低光生电子到达表面所需要消耗的能量,因此,提高了其光催化效率。Zhang 等[101]研究表明,P 掺入 $g-C_3N_4$ 的骨架中取代 C,而形成 P—N 键,显著改变了 $g-C_3N_4$ 的电子结构,导致其在可见光区域拓展到 $800nm$。

综上所述,因为元素种类具有相似性,一般来说,非金属元素均能掺入 $g-C_3N_4$ 的骨架中,然而,具有不同电负性和离子半径的非金属元素掺杂能不同程度地改变 $g-C_3N_4$ 的光电性质和价带结构,这将为 $g-C_3N_4$ 的性质调变,提供很多可能性。

(2)贵金属沉积

Ge 等[102]利用化学沉积法,把纳米颗粒 Ag 均匀地负载到 $g-C_3N_4$ 的表面上,其结果表明,随着含量 Ag 增加,$Ag/g-C_3N_4$ 对可见光的强度和吸收范围均有提高,导致催化效率提高,例如,与纯净的 $g-C_3N_4$ 相比,$Ag/g-C_3N_4$ 光催化降解甲基橙的效率提高了 23 倍。因为 Ag 的负载能促使光生电子与空穴对的转移和分离,从而降低了光生电子与空穴复合概率。除此之外,Datta 等[103]研究表明 $mpg-C_3N_4$ 能做一种载体制备高分散、粒径小于 7nm 的 Au 纳米颗粒,一方面由于 $mpg-C_3N_4$ 能通过限域作用调控纳米颗粒 Au 的尺寸;另一方面,其表面的—NH_2 和—NH 基团可起到固定剂的作用,因此,导致纳米颗粒 Au 充分分散,而不发生聚集。Wang 等[104]采用这种方法,在 $mpg-C_3N_4$ 上成功负载了超细 Au、Pt 和 Pd 纳米颗粒,其粒径在 $2\sim4nm$ 范围内,而且其分布均匀、尺寸均一。研究发现,这种复合体在光解水制氢方面具有优异的光催化活性。最近 Li 等[105]研究发现,纳米颗粒 Pd 负载氮化碳能催化碘苯和苯硼酸发生 Suzuki 反应。在可见光照射下,室温就能达到很高的转化率(100%)和选择性(97%)。由于与贵金属沉积能够提高 g-C_3N_4 的光催化性能,而 mpg-C_3N_4 在调控金属纳米颗粒尺寸方面,同时又使其均匀分散在表面,这将导致 mpg-C_3N_4 的催化活性进一步得到提高。另外,过渡金属修饰也能提高 g-C_3N_4 的光催化性能,例如,Yue 等[106]将 g-C_3N_4 与 ZnCl_2 溶液混合搅拌,干燥焙烧后,获得 Zn 掺杂的氮化碳。发现其对可见光的吸收强度显著增强,光催化分解水制氢的效率提高了近 10 倍。

(3)与其他半导体复合形成异质结

最近,报道了很多关于 g-C_3N_4 与其他材料复合形成异质结的信息。例如,Ge 等[107]把 g-C_3N_4 与 CdS 量子点复合后,研究发现对可见光的吸收范围能扩展到 550nm,与 g-C_3N_4 相比,g-C_3N_4/CdS 荧光强度大幅度降低,表明大大降低了光生电子与空穴的复合概率,光催化效率高于其中任何一个单组分。Fu 等[108]将 BiOBr 与 g-C_3N_4 复合,形成异质结,能有效地分离并转移光生电荷。与 BiOBr 相比,BiOBr-C_3N_4 异质结结构光催化降解罗丹明 B 光催化效率提高了 4.9 倍,与 g-C_3N_4 相比,BiOBr-C_3N_4 光催化降解罗丹明 B 光催化效率提高了 17.2 倍,并且具有很好的稳定性,经过 8 次循环使用后,活性依然没有降低。与任何一个单组分相比,Liu 等[109]制得的 g-C_3N_4/ZnO 异质结的光催化活性和稳定性都高。Hou 等[110]研究发现,把具有同样层状结构的 MoS_2 与 g-C_3N_4 结合,获得了 MoS_2/mpg-CN 异质结,表明在同样条件下,其光催化还原水制 H_2 的效率高于 Pt/mpg-CN。近来,Ye 等[111]将 g-C_3N_4 与 Fe_2O_3 复合制备了具有磁性的 CN-Fe_2O_3 异质结,这种催化剂可从溶液中快速分离,分离成本大为降低。综上所述,通过与其他半导体复合形成异质结,能有效地分离光生电子和空穴对,在不同程度上提高 g-C_3N_4 的光催化效率。并且,与不同材料的复合可以实现更多的功效,比如,提高催化剂的稳定性、简化分离步骤等,这样既提高了 g-C_3N_4 的催化性能,又同时拓展了其应用范围。

我们课题组通过不同方法分别合成了以下关于 $g-C_3N_4$ 的复合光催化剂：(1) $g-C_3N_4/TiO_2$ 复合材料的制备[95]，将 $g-C_3N_4$ 与 TiO_2 按质量百分比 3% 的比例混合，加入适量的甲醇，超声处理 30min，然后在室温下搅拌 24h，于 80℃ 下蒸干，研细，得到复合催化剂 $g-C_3N_4/TiO_2$。(2) $Bi_2O_3/g-C_3N_4$ 复合光催化剂的制备[96]，称取 10g 硫脲 5 份于干净的瓷坩埚中，在 450℃ 马弗炉中煅烧 2h。分别准确称取①0.05g Bi_2O_3 和 0.95g $g-C_3N_4$（Bi_2O_3 5%），②0.5g Bi_2O_3 + 0.5g $g-C_3N_4$（Bi_2O_3 50%），③0.95g Bi_2O_3 + 0.05g $g-C_3N_4$（Bi_2O_3 95%），④0.2g Bi_2O_3 g + 0.8g $g-C_3N_4$（Bi_2O_3 20%），⑤0.8g Bi_2O_3 + 0.2g $g-C_3N_4$（Bi_2O_3 80%），⑥1.0g Bi_2O_3（Bi_2O_3 100%），⑦1.0g $g-C_3N_4$（Bi_2O_3 0%）混合物，并混合研磨 20min。将研磨过后的①、②、③、④、⑤、⑥、⑦催化剂置于马弗炉中，在 450℃ 条件下煅烧 2h，制得不同 Bi_2O_3 含量的 $Bi_2O_3/g-C_3N_4$ 复合光催化剂。(3) SiO_2/CNI 复合光催化剂的制备[94]，准确称取 2.0g 二氰二胺和 1.0g 碘化铵置于同一干燥洁净的小烧杯中（碘化铵应避光称取），加入 10mL 去离子水，放在 80℃ 水浴锅中 6～7h 蒸干。将样品放入玛瑙研钵中研细，然后放于坩埚中置于箱式电阻炉内 550℃ 下煅烧 4h，取出后，将产品冷却至室温，研细装入样品袋，即制得 CNI 催化剂原样。将所得 CNI 原样转移到盛有 80mL 蒸馏水的小烧杯中，然后经水洗、酸洗（HCl，1mol/L）、碱洗（NaOH，1mol/L），再次水洗抽滤除去所有未反应的有害表面物种。把处理好的催化剂放置 80℃ 干燥箱中烘干 5h，干燥完成后，将样品研细，即得纯 CNI 样品。分别准确称取 3.00g CNI 纯样和 SiO_2（0，0.60，0.20，0.12，0.10g），将以上样品依次混合均匀后，置于玛瑙研钵研磨 20min，然后置于箱式电阻炉内 550℃ 下煅烧 4h。将制得的复合催化剂命名为 CNI、SiO_2/CNI（1:5）、SiO_2/CNI（1:15）、SiO_2/CNI（1:25）、SiO_2/CNI（1:30）。

2.8.3 共聚合改性和硫介质调控法

有机共聚反应会影响产物的结构和性质产。Zhang 等[112]采用双氰胺与巴比妥酸发生共聚反应所制备的氮化碳对可见光的吸收范围增大到 750nm，电流转移效率提高了 4 倍。随后，他们选用苯环上连有氨基或氰基等一系列有机物(26 种)[113]做共聚合前体与双氰胺发生共聚反应制备 g－C_3N_4。其中,氨基苯甲腈(ABN)发生共聚反应,所制得的 g－C_3N_4对光催化分解水的效率最高。同时,发现不同的共聚前体会不同程度地改变 g－C_3N_4的比表面积、层间堆积的结构参数,然而,含氰基、氨基的有机物具有将其他官能团转移到 g－C_3N_4表面的作用能力。

Zhang 等[114]还发现,通过硫介质调控的方法能够完成对 g－C_3N_4的改性,例如,当用硫代三聚氰酸做原料,制备 g－C_3N_4时,因为—SH 离去基团的作用,能够改变 g－C_3N_4的电价结构和形貌结构。实验表明,通过这种硫介质调控法制得的 g－C_3N_4(CNS)的边缘具有锁扣样折叠结构,可导致比表面积增大到 $60m^2/g$,其导带和价带的位置同时下移,见图 2－6[114]。这引起 CNS 的光催化还原水制备 H_2的效率为 g－C_3N_4的 12 倍,氧化水制备 O_2的效率提高到 g－C_3N_4的 5 倍。后来,他们用熔点为 115.2℃、沸点为 444.6℃的硫单质做熔剂,三聚氰胺做原料制备 g－C_3N_4。其中,硫做熔剂一方面能使反应物分子分散;另一方面,硫单质发生歧化反应,有利于—NH_2的离去,从而促使 g－C_3N_4缩聚反应[115]。研究发现,该法所获得的 g－C_3N_4在一定程度上,同时提高了其光催化制 H_2、O_2的效率。进一步说明硫介质调控法,对改性 g－C_3N_4光催化活性起到明显作用。

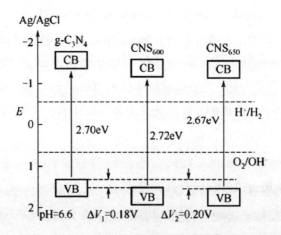

图 2－6　g－C_3N_4、CNS_{600}和 CNS_{650}的价带结构(下角标 600 和 650 代表煅烧温度)

C、N 原子在 $g-C_3N_4$ 的化学结构中均采取 sp^2 杂化形成一个高度离域的 π 共轭电子能带结构,具有合适的 LUMO 和 HOMO 带边位置和禁带宽度,可以吸收可见光分解水产氢、水产氧[116-119]。但是,$g-C_3N_4$ 是以七嗪环为结构单元组成的,在 π 共轭体系中,存在拓展不充分、激子结合能高、导电能力差等问题,这样严重制约了 $g-C_3N_4$ 的光催化性能[116,120]。Wang 及其合作者[119,121-123]面对这些问题,他们从高分子链的组成结构着手,借助有机化学中常用合成方法,以共聚合方式在分子水平上调整 $g-C_3N_4$ 的化学组成和局部分子结构,制备了 π 共轭体系连续可调控一系列 $g-C_3N_4$ 新型光催化剂。首先,他们采用巴比妥酸(BA)与二聚氰胺发生席夫碱反应,制备了 BA 共聚合改性的 $g-C_3N_4$(简称为 CNB),使得 $g-C_3N_4$ 的 π 共轭体系得到有效拓展,明显改善其表面形貌、光吸收性质、导电能力等,而使其光解水产氢性能提高到原来的 5 倍[119]。以此为基础,他们借助氰基和氨基的亲核/亲电进攻,研究了一系列有机聚合单体,将特定的有机官能团,例如,吡啶、苯环、二氨基马来腈、噻吩等嫁接在 $g-C_3N_4$ 的骨架中,制备了一系列性能优良的 $g-C_3N_4$ 基光催化剂,从而建立了 $g-C_3N_4$ 可见光响应聚合物半导体的设计方法[121-123]。

氮化碳是一种新型的非金属光催化剂,它不仅具有独特的电子结构和合适的价带位置,而且,具有很高的热稳定性和化学稳定性,还具有价廉、环保等优点,近几年,它在光电催化反应中的应用快速增加。目前,它在光催化领域将具有广阔应用前景,已作为一个新的研究热点。目前来说,实验室获得的石墨相氮化碳与理论预测的理想晶体结构存在较大差距,被预测存在的其他一些具有诸多优异理化性能的高密度相还未合成出来,因此,不同相组成氮化碳本身的制备方法,依然成为值得继续研究的课题。对于改性,经过非金属元素掺杂、引入有序介孔结构、贵金属沉积、与其他半导体复合等方法能提高 $g-C_3N_4$ 的光催化性能。其中,非金属元素掺杂,例如,B、F、P、S 等通过掺杂后都能进入 $g-C_3N_4$ 的骨架中,使其禁带宽度变窄,可见光响应范围增大。引入孔结构方法又分为软模板法、硬模板法及无模板法,软模板法和无模板法简单环保,但却不易得到有序的孔结构,而硬模板法步骤烦琐,且需用 HF 或 NH_4HF_2 来除去模板。对于贵金属沉积、半导体复合,则能促进光生电子与空穴分离,因此提高光电效率。与此同时,这些掺杂、沉积、复合方法能不同程度地改变催化剂的价带结构,来提高其催化性能。

§2.9　高氮含量氮化碳合成法[124]

Wixom[125]采用振荡波压缩法,在合成金刚石和立方氮化硼的条件下,压缩三聚氰胺树脂的热解产物,获得金刚石相和石墨的混合物。导致这种结果的原因,是因为在高压过程中金刚石相较结晶氮化碳更稳定,及高压过程中对热力学反应缺乏有效的控制。Maya 等[126]在封闭体系中,高温热解碳氮有机晶体。仅仅获得无定形碳氮化合物。Nguyen 等[127]采用各种碳源如无定形碳、石墨和 C_{60} 与氮气混合在 1700℃ 和 30GPa 条件下,合成出了一种未知的立方氮化碳相。XRD 结果发现合成产物取决于起始原料,有些研究中先采用化学合成法[128],或者气相沉积[129]法制备非晶氮化碳,然后在高温高压下进行合成。然而,在这些研究中,由于合成产物是多相混合物,并且,结晶度较差,导致合成产物的结构和性能的准确表征发生很大困难,迄今为止,利用高温高压法还未能合成结晶良好的氮化碳晶体。其主要原因是由于反应前驱物的成分和结构对合成产物有重要影响,以及缺乏足够的热力学数据所造成的。这在一定程度上,导致高温高压法合成氮化碳出现很大盲目性。Badding 等[130]首先报道了高压下形成碳氮化合物的热力学分析。计算结果表明,在现行高压条件下,形成碳氮化合物是完全可行的,以准确测定其成分、结构和物性是为了合成出足够大的单晶。Teter 等[131]对不同结构的氮化碳的稳定性和性质的研究表明,建议采用低压相的石墨相氮化碳或赝立方氮化碳,在高压下合成具有低压缩比、高硬度的 $\beta-C_3N_4$ 晶体。Hammer 等[132]的研究表明,在前驱物中存在较高的 N/C 原子比,$sp^3 C-N$ 单键是合成结晶 C_3N_4 的必备条件。所以,反应前驱物的选择与制备,是高温高压法制备氮化碳晶体的关键。多数研究利用有机晶体,采用化学合成法或高温热解法,来制备类石墨相氮化碳[133-135],然而,很少报道有关制备具有较高 N/C 原子比和 sp³C-N 单键的前驱物的研究。基于反应前驱物的成分和结构对合成产物存在重要影响,他们先采用脉冲电弧放电法,在氮气氛下裂解二氰二胺有机晶体,制备含 C-N 键的碳氮前驱物。然后,在微波等离子化学气相沉积系统中,利用微波氮等离子体作用该前驱物。寻求了前驱物结构的变化。探究具有高 C/N 原子比、含有大量 sp³C-N 单键的氮化碳前驱物的合成条件。脉冲电弧放电等离子体装置、原理图参考文献[136]。脉冲电弧等离子体,由依次通过钨电极间的二氰二胺有机晶体诱导产生。采用脉冲电弧等离子体,反复处理二氰二胺有机晶(分析纯),直至将有机晶体裂解为平均粒径为 5μm 的淡黄色粉末作为 1#样品。然后,采用微波氮等离子体辐射处理 1#样品 1h,制得 2#样品。其方法是将 1#样品平铺在石英基板上,置于微波氮等离子体的下方,氮等离子体与粉末样品的作用强度通过调节基板与等离子体的距离、工作气压和微波功率等条件进行调节。对于此研究,电弧等离子体处理条件是脉冲宽度 10μs 放电电流峰值 1000A、脉冲放电电压 3500V、沉积室中通入流量为 200mL/min 的氮气、两次脉冲之间的时间间隔控制在 1s 左右,并通过逸气管与大气相通,工作时放电室的气压维持在 101kPa;微波氮等离子体的处理条件是:微波功率 500W、基片温度 500℃、工作气压 4kPa、氮气流量 50mL/min。

采用带有 EDAXFalcon 能谱仪(EDS)的 JSM5510LV 型扫描电子显微镜(SEM),观察了样品的形貌,并测试其氮含量。在 YB-XRD 型 X 射线衍射(XRD)仪上,使用波长 λ=0.15418nm 的 Cu 靶 Kα 辐射线,对样品的组成结构进行了测试。用 Nicolet-Impact420 型傅里叶红外光谱仪(FTIR),表征样品的成分结构。用英国 KRATOS 公司生产的 XSAM800 型多功能光电子能谱仪(XPS),对样品进行了表面元素成分和化学状态分析。分析室真空度优于 5×10^{-7}Pa,X 射线激发源为 MgKα,加速电压为 12.5kV。

孟兆升等[137]采用直流电弧等离子体喷射法制备氮化碳薄膜,以 H_2、N_2 和 CF_4 气体为前驱体,用直流电弧等离子体喷射设备在不同基底温度条件下于钼/金刚石过渡层基底上制备了氮化碳薄膜。利用扫描电子显微镜

（SEM）、能谱仪（EDS）、X射线衍射仪（XRD）对表面形貌和组织成分进行了表征。结果表明，当基底温度为900℃时，所沉积材料已初具晶型；所沉积材料含有 $\alpha-C_3N_4$ 和 $\beta-C_3N_4$ 相成分。同时，提出在金刚石表面制备氮化碳时金刚石相刻蚀和氮化碳相生长同时进行的模型，较好地解释了不同基底温度条件下的膜材料沉积现象。

实验装置主要由真空沉积室、进排气系统、电源系统、水循环冷却系统和控制部分等组成，图2-7为此装置工作时真空沉积室的示意图。直流电弧等离子体喷射装置的工作原理是在棒状阴极和环状阳极之间通入一定气压的反应气体，待气体均匀、气压稳定后在两级之间通入高频高压脉冲电压将反应气体击穿，之后两级之间通入直流电流，维持放电通道。气体被大量离解，成为等离子态，并处于弧光放电状态，且以较高速度从环状阳极喷口喷出，与水冷基底相遇，高温等离子体（可达到4000℃以上）将原来的反应气体较为充分地离解，并处于高能状态，在基底上更易于发生非等离子态和较低能量等离子态情况下难以发生的反应而得到硬质涂层。该装置采用半封闭气体循环，每次循环有80%的气体得以重复使用[138]。

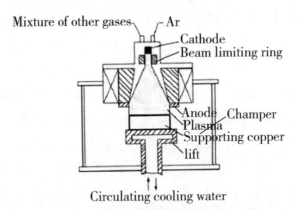

图2-7　直流电弧等离子体喷射设备实验原理图

实验选用钼棒作为基底材料，钼棒长70mm、直径15mm，先利用本设备在钼棒上沉积一层金刚石薄膜，再对其进行预处理，为在金刚石过渡层上生长氮化碳作准备：先利用表2-1的工艺参数在表面沉积好金刚石过渡层[139]，再将沉积好过渡层的钼棒置于无水乙醇溶液中超声清洗 5min，再将其放入去离子水溶液中超声处理 2min，将乙醇溶液清洗干净。将处理好的钼棒有金刚石过渡层的一端朝上，放入通入冷却水的紫铜底座的盲孔中，作为生长氮化碳薄膜的基底。可预先在盲孔中放入不同高度的圆柱形金属块以调节盲孔孔深，进而调节钼棒露出紫铜底座的高度，以控制沉积过程中的基底温度。然后关闭沉积室，依次打开真空泵和罗兹泵对其抽真空，使泵压和腔压稳定，分别达到 7.0kPa 和 1.0kPa。将基底与阳极距离调节至 10～15cm。通电起弧后开始实验，用红外测温计对基底进行温度测量，工艺参数如表 2-2 所示。

表 2-1　金刚石过渡层的沉积工艺参数

Parameters	Values
Substrates temperatrues/℃	800
Ar flow/slm	4
CH_4 flow/sccm	63
H_2 flow/slm	4.3
Champer pressure/kPa	2
Pump pressure/kPa	9
Deposition time/h	2

表 2-2　氮化碳薄膜的沉积工艺参数

Parameters	Values		
Substrates temperatrues/℃	1000	950	900
Ar flow/slm		3	
CF_4 flow/sccm		45	
N_2 flow/slm		1.7	
H_2 flow/slm		1	
Champer pressure/kPa		1	
Pump pressure/kPa		7	
Pwer/kW		9	
Deposition time/h		0.5	

采用直流电弧等离子体喷射设备在钼/金刚石过渡层基底上制备了氮化碳薄膜材料。SEM 照片显示当基底温度为 900℃时,所沉积材料已初具晶型。利用 EDS 定性地分析出薄膜中含有一定的 N 元素含量。XRD 分析表明,所沉积材料含有 $\alpha - C_3N_4$ 和 $\beta - C_3N_4$ 相成分。提出了在金刚石表面制备氮化碳时金刚石相刻蚀和氮化碳相生长同时进行的模型,并讨论了基底温度对膜材料沉积行为的影响。对不同基底温度条件下氮化碳薄膜表面的 SEM 照片变化和 Mo 金属的 XRD 衍射峰值强度的变化进行分析,认为在一定温度范围内,基底温度越高,氮化碳沉积过程中对金刚石过渡层的刻蚀程度越大;同时指出当所沉积氮化碳涂层厚度较小时,金刚石过渡层的刻蚀作用对氮化碳沉积后的表面形貌影响较大,故以后研究中应考虑探究更合适的基底温度、生长氮化碳厚膜的手段等以减小甚至排除这种影响。

§2.10　复杂氮化碳合成方法

基于半导体的异质结一直被公认为一种能够有效提高光生载流子分离效率的架构,我们课题组[140]采用简单的加热方法合成了 $DyVO_4/g - C_3N_4I$ 半导体光催化剂。实验结果表明:在所有合成的光催化剂中,具有适当 $DyVO_4$ 质量百分含量的 6.3% $DyVO_4/g - C_3N_4I$ 光催化剂表现出最高的可见光活性;6.3% $DyVO_4/g - C_3N_4I$ 对亚甲基蓝的光催化降解比率超过 $DyVO_4$、$g - C_3N_4$ 与 $g - C_3N_4I$ 的 1.8 倍,它的光催化制氢速率高于 $DyVO_4$ 的 10.6 倍、$g - C_3N_4$ 的 4.7 倍、$g - C_3N_4I$ 的 1.7 倍;$DyVO_4$ 的合成过程如下:将等摩尔比的 $Dy(NO_3)_3$ 和 NH_4VO_3 分别溶解在去离子水中,然后,将两种溶液混合,用 NH_3 水调节溶液 pH 值到 7.0 产生黄色沉淀。在室温下放置 4h 后,进行过滤,用去离子水洗涤沉淀几次,于 110℃干燥 10h,并于 500℃在空气气氛中煅烧 2h,冷却,研磨细粉后,获得样品 $DyVO_4$。

$DyVO_4/g - C_3N_4I$ 合成:首先,制备碘掺杂 $g - C_3N_4I$ 催化剂,将 2.0 克双氰胺和 1.0g 碘化铵于 15 毫升去离子水混合,在搅拌条件下,于 80℃去除去水,然后,将所合成的固体与一定量 $DyVO_4$ 在玛瑙研钵进行混合,并研磨30分钟。其次,将混合物于550℃在空气气氛中煅烧4.0h,冷却,研磨细粉后,获得样品 $DyVO_4/g-C_3N_4I$。通过能量色散 x 射线(EDX)分析获得了 $DyVO_4$ 在 $DyVO_4/g-C_3N_4I$ 中质量百分含量,分别用 $3.2\% DyVO_4/g-C_3N_4I$、6.3% $DyVO_4/g-C_3N_4I$、$9.7\% DyVO_4/g-C_3N_4$ 表示。在不加入 $DyVO_4$ 条件下,采取类似的方法制备 $g-C_3N_4I$ 催化剂样品。将双氰胺于550℃在空气气氛中煅烧4.0h,冷却,研磨细粉后,直接获得 $g-C_3N_4$ 催化剂样品。

参考文献

[1]黄娟茹,明伟,崔忠. TiO_2 光催化剂掺杂改性的研究进展[J].工业催化,2007,15(1):1-7.

[2]Herman J M, Disdier J, Pichat P, et al. TiO_2 - based Solar Photocatalytic Detoxificationof Watet Containing Organic Pollutants. Case Studies of 2,4 - dichlorophenoxyaceticacid(2 - 4 - D) and of Benzofuran[J]. Appl. Catal. B:Environ.,1998,17:15 - 19.

[3]桂明生,王鹏飞,杨易坤,等. $Bi_2WO_6/g-C_3N_4$ 复合型催化剂的制备及其可见光光催化性能[J].化工新型材料,2013,41(11):2057 - 2064.

[4]田海峰,宋立民. $g-C_3N_4$ 光催化剂研究进展[J].天津工业大学学报,2012,36(6):55 - 59.

[5]桂明生,王鹏飞,袁东,等. $Bi_2WO_6/g-C_3N_4$ 复合型催化剂的制备及其可见光光催化性能[J].无机化学学报,2013,29(10):2057 - 2064.

[6]崔玉民,张文保,苗慧,等. $g-C_3N_4/TiO_2$ 复合光催化剂的制备及其性能研究[J].应用化工,2014,43(8):1396 - 1398.

[7]Zhang Y, Mori T, Ye J, et al. Phosphorus - Doped Carbon Nitride Solid:Enhanced Electrical Conductivity and Photocurrent Generation[J]. Journal of the American Chemical Society,2010,132(18):6294 - 6295.

[8]Yan S C, Li Z S, Zou Z G. Photodegradation of Rhodamine B and Methyl Orange over Boron-Doped $g-C_3N_4$ under Visible Light Irradiation[J]. Langmuir,

2010,26(6):3894 – 3901.

[9]Liu G,Niu P,Sun C,et al. Unique Electronic Structure Induced High Photoreactivity of Sulfur – Doped Graphitic C_3N_4[J]. Journal of the A – merican Chemical Society,2010,132(33):11642 – 11648.

[10]Wang Y,Di Y,Antonietti M,et al. Excellent Visible – Light Photocatalysis of Fluorinated Polymeric Carbon Nitride Solids[J]. Chemistry of Materials, 2010,22(18):5119 – 5121.

[11]Wang Y,Li H,Yao J,et al. Synthesis of boron doped polymeric carbon nitride solids and their use as metal – free catalysts for aliphatic C—H bond oxidation[J]. Chemical Science,2011,2(3):446 – 450.

[12]Lin Z,Wang X. Nanostructure engineering and doping of conjugated carbon nitride semiconductors for hydrogen photosynthesis[J]. Angewandte Chemie International Edition,2013,52(6):1735 – 1738.

[13]马志斌. 氮化碳晶体的研究进展[J]. 新型炭材料,2006,21(3): 277 – 284.

[14]GusevaM B,BabaevV G,BabinaVM,eta. l Shock-wave-induced phase transition in C:N films[J]. Diamond Related Materials,1997,6:640 – 644.

[15]Martin – Gil J,Martin – GilF. J,Moran E,et a. l Synthesis of low density and high hardness carbon species containing nitrogen and oxygen[J]. Acta Metall Mater,1995,43(3):1243 – 1247.

[16]Lee D H,LeeH,Park B. Hardness and modulus properties in ion – beam – modified amorphous carbon:Temperature and dose rate dependences[J]. J Meter Res,1997,12(8):2057 – 2063.

[17]Alvarez H P,Influence of chemical sputtering on the composition and bonding structure ofcarbon nitride films[J]. Thin Solid Films. 2001,398 – 399: 116 – 123.

[18]Ronning C,FeldermannH,Merk R,et a. l Carbon nitride deposited using energetic species:A review on XPS studies[J]. Phys Rev B,1998,58(4):

2207 - 2215.

[19]MonclusM A,CameronD C,ChowdhuryA KM S. Electrical properties of reactively sputtered CNx films[J]. Thin Solid Films,1999,341:94 - 100.

[20]Rodil S E,BeyerW,Robertson J,eta. l Gas evolution studies for structural characterization of hydrogenated carbon nitride samples[J]. Diamond Related Materials,2003,12:921 - 926.

[21]Yoon S F,Rusl,i Ahn J,et a. l Deposition of polymeric nitrogenated amorphous carbon films(a - C: H: N)using electron cyclotron resonance CVD [J]. Thin Solid Films,1999,340:62 - 67.

[22]SharmaA K,Ayyab P,MultaniM S,eta. l Synthesis ofcrystalline carbon nitride thin solid films by laserprocessing ata liquid - solid interface[J]. Appl Phys Let,t 1996,69(23):3489 - 3491.

[23]李超,曹传宝,朱鹤孙,等. 液相放电法合成氮化碳晶体[J]. 高等学校化学学报,2004,25(1):21 - 23.

[24]李超,曹传宝,朱鹤孙,等. 阴极电沉积法制备高氮氮化碳薄膜 [J]. 应用化学,2004,24(1):36 - 40.

[25]M ishra S K,Pathak L C. Deposition of crystalline CN film by arc evaporation process[J]. Material Letter. 2005,59:3481 - 3484.

[26]马志斌,万军,黄扬风,等. 脉冲电弧放电电离甲醇/氨水溶液合成结晶氮化碳薄膜[J]. 新形炭材料,2004,19(2):87 - 91.

[27]Niu C,Lu Y Z,LieberC M. Experimental realization of the covalent solid carbon nitride[J]. Science,1993,261:334 - 336.

[28]Yen TY,Chou C P. Growth and characterization of carbon nitride thin films prepared by arc - plasma jetchemicalvapordeposition[J]. Appl Phys Let,t1995,57(19):2801 - 2803.

[29]Ohkawara Y,Akasaka H,Idnic K,et a. l Raman scattering spectroscopy of structure ofamorphous carbon nitride films[J]. Jpn J Appl Phys,2003,42:254 - 258.

[30] ChanW C, ZhouB, ChuangYW, eta. l Synthesis, composition, surface roughness and mechanical properties of thin nitrogenated carbon films[J]. J Vac Sci Technol A,1998,16(3):1907 - 1910.

[31] Torning C J, Sinertsen J M, Judy J H, et a. l Structure and bonding studies of the C: N thin solid films produced by Sputteringmethod[J]. J Mater Res,1990,5(11):2490 - 2496.

[32] OhkawaraY, Ohshio S, SuzukiT, et a. l Hydrogen storage in amorphous phase ofhydrogenated carbon nitride[J]. Jpn J Appl Phys. 2002,41:7508 - 7509.

[33] Li J J, Zheng W T, Sun L, et a. l Field emission from amorphous carbon nitride films deposited on silicon tip arrays[J]. Chin Phys Let. t 2003,20(6): 944 - 946.

[34] Zambov LM, CyrilPovov, NikolaiAbedinow, eta. l Gas - sensitive properties of nitrogen - rich carbon nitride films [J]. Adv Mater, 2000,9(12): 656 - 660.

[35] 梁小蕊, 江炎兰, 孔令燕, 等. 氮化碳(C_3N_4)材料的合成及应用研究进展[J]. 新技术新工艺,2013,(1):88 - 90.

[36] 李超, 曹传宝, 朱鹤孙, 等. 类石墨氮化碳薄膜的电化学沉积[J]. 人工晶体学报,2003,32(3):252 - 256.

[37] 李超, 曹传宝, 吕强, 等. 氮化碳薄膜的电化学沉积及其电阻率研究[J]. 功能材料与器件学报,2004,10(1):9 - 13.

[38] Fu Q, Cao C B, Zhu H S. Preparation of carbon nitride films with high nitrogen contentby electrodeposition from an organic solution[J]. JMaterial Science Letters,1999,18:1485 - 1488.

[39] MontigaudH, Tanguy B, DemazeauG, eta. l Solvothermal synthesis of graphitic form ofC3N4asmacroscopic sample[J]. Diamond and relatedMaterials, 1999,8:1707 - 1710.

[40] GuoQ X, Yang Q, YiC Y, et a. l Synthesis of carbon nitrides with graphite - like or onion - like lamellar structures via solvent - free route at low

temperature[J]. Carbon,2005,43:1386 - 1391.

[41]Barbara J,Elisabeth I,PeterK,et a. l Melem(2,5,8 - Triaminotri - s - triazine),an important intermediate during condensation of melamine rings to graphitic carbon nitride:synthesis, structure determination byX - ray powerdiffractometry,solid - state NMR,and theoretical studies[J]. J AM CHEM SOC. 2003, 125:10288 - 10300.

[42]YanX B,Xu T,Chen G,et a. l Preparation and characterization of electrochemically deposited carbon nitride films on silicon substrate[J]. J Phys D: App. l Phys. 2001,37:907 - 913.

[43]Lotsch B V,SchnickW. Thermal conversion of guanylurea dicyanamide into graphitic carbon nitride via prototype CNxprecursors[J]. Chem Mater,2005, 17:3976 - 3982.

[44]HuynhM HV,HiskeyM A,Archuleta JG,eta. l Preparation ofnitrogen - rich nanolayered, nanoclustered, and nanodendritic carbon nitrides[J]. Angew Chem Int Ed,2005,44:737 - 739.

[45]谢二庆,金运范,王志光,等. CN 化合物的合成研究[J].原子核物理评论,2000,17(3):172 - 174.

[46]曹培江,姜志刚,李俊杰,等. N 离子注入金刚石膜方法合成的 CN_x 膜的成键结构[J].吉林大学自然科学学报,2001,2:49 - 52.

[47]Cao Z X. Effect of concurrent N^{+2} and N^+ ion bombardment on the plasma - assisted deposition of carbon nitride thin film[J]. J Vac Sci Techno. l A 2004,22(2):321 - 323.

[48]Satoshi Kobayashi, Shinji Nozaki, Hiroshi Morisaki, et al. Carbon nitride thin films deposited by the reactive ion beam sputtering technique[J]. Thin Solid Films,1996,281 - 282.

[49]孙洪涛,许启明,洪向东. 离子束溅射法制备碳氮薄膜及其结构表征[J]. 高分子材料科学与工程,2008,24(11):172 - 175.

[50]Zhou Z B,Cui R Q,Pang Q J,et al. Schottky solar cells with amor-

phous carbon nitride thin film prepared by ion beam sputtering technique［J］
. Solar Energy Materials & Solar Ce,11s,2002,70:487 – 493.

［51］Ren ZM,DuY C,Ying Z F eta. l Carbon nitride films synthesized by nitrogen ion beam bombarding on C_{60} films［J］. Appl Phys A,1997,64:327 – 330.

［52］Wu J J,Lu T R,Wu C T,eta. l Nano – carbon nitride synthesis from a bio – molecular target for ion beam［J］. Diamond and Related Materials. 1999,8:605 – 609.

［53］LacerdaM M,FranceschiniD F,Freire F L,eta. l Carbon nitride thin films prepared by reactive sputtering:Elemental composition and structure characterization［J］. J Vac Sci Techno. 1997,A15(4):1970 – 1975.

［54］Broitman E,ZhengW T,Sjostrom H,et a. l Stress development during deposition of CN_x thin films［J］. Appl Phys Let,t 1998,72(20):2532 – 2534.

［55］Lu T R,KuoC T,Yang JR,eta. l High purity nano – crystalline carbon nitride films prepared at ambient temperature by ion beam sputtering［J］. Surface and Coatings Technology. 1999,115:116 – 122.

［56］Rusop M,Soga T,Jimbo T. The effect of processing parameters on amorphous carbon nitride layer properties［J］. Diamond and Related Materials. 2004,13:2187 – 2196.

［57］肖兴成,江伟辉,田静芬,等. 高温处理对 CN_x 薄膜晶化的影响［J］.物理学报,2000,49(1):173 – 176.

［58］Kuo C T,Chen LV,Chen K H,eta. l Effectof targetmaterials on crystalline carbon nitride film praparetion by ion beam sputtering［J］. Diamond and Related Materials. 1999,8:1724 – 1729.

［59］W ixom M R. Chemical preparation and shock wave compression of carbon nitride precursors［J］. JAm Ceram Soc. 1990,73(7):1973 – 1978.

［60］Maya L,Cole D R,Hagaman E W. Carbon – nitrogen pyrolyzates:attemptpreparation of carbon nitride［J］. J Am Ceram Soc,1991,74(7):1686 – 1688.

［61］Nguyen J H,Jeanloz R. Initial description of a new carbon – nitride phase synthesized at high pressure and temperature［J］. Material Science and engineering A,1996,209:23 – 25.

［62］贺端威,张富祥,张湘义,等. C₃N₄晶体的高温高压合成［J］. 中国科学 A 辑,1998,28(1):49 – 52.

［63］Badding JV, NestingD C. Themodynamic analysis of the formation of carbon nitride under pressure［J］. Chemistry of Materials, 1996, 8 (2): 536 – 540.

［64］Teter D M,Hemley R J. Low – Compressibility Carbon Nitrides［J］. Science. 1996,271:53 – 55.

［65］Tamikuni Komatsu,M iho Samejima. Preparation of carbon nitride C₂N by shock – wave compression of poly(aminomethinei – mine)［J］. J Mater Chem,1998,8(1):193 –196.

［66］Guseva M B,Babaev V G,Babina V M. Shock – wave – induced phase transition in C∶ N films［J］. Diamond and Related Materials. 1997,6:640 – 644.

［67］于雁武,刘玉存,郑欣,等. 爆炸冲击合成法制备氮化碳粉末的研究［J］. 粉末冶金工业,2010,20(1):20 – 24.

［68］于雁武,刘玉存,郑欣,等. 冲击波作用合成氮化碳及表征［J］. 爆炸与冲击,2011,31(2):113 – 118.

［69］Normand F Le,Hommet J,Szorenyi T,et a. l XPS study of pulsed laser deposited CNₓ films［J］. Phys Rev B,2001,64:235416.

［70］Trusso S,VasiC,NeriF. CNx thin films grown by pulsed laser deposition∶Raman,infrared and X – ray photoelectron spectroscopy study［J］. Thin Solid Films,1999,355 – 356:219 – 222.

［71］ItohM,SudaY,BratescuM A,et a. l Amorphous carbon nitride film preparation by plasma – assisted pulsed laser deposition method［J］. Appl Phys A,2004,79:1575 – 1578.

［72］Cheng Y H,QiaoX L,Chen J G,et al. Synthesis ofcarbon nitride films by direct currentplasma assisted pulsed laser deposition[J]. Appl Phys A,2002, 74:225 – 231.

[73]张永平,顾永松,常香荣,等. 超硬薄膜 β – C_3N_4 的制备和表征 [J]. 功能材料,2000,31(2):172 – 174.

[74]陈光华,吴现成,贺德衍,等. 氮化碳薄膜的结构与特性[J]. 无机 材料学报,2001,16(2):377 – 380.

[75]Fu Y Q,Sun C Q,Du H J,et a. l From diamond to crystalline silicon carbonitride:effect of introduction of nitride in CH_4/H_2 gasmixture using MW – PECVD[J]. Surface and Coatings Technology. 2002,160:165 – 172.

[76]Sakamoto Y,Takaya M. Growth of carbon nitride using microwave plasma CVD[J]. Thin Solid Film,2005,475:198 – 201.

[77]王恩哥,陈岩,郭丽萍. C_3N_4 的制备与结构分析—Ni 衬底上的样品 [J]. 中国科学 A 辑,1997,27(2):154 – 157.

[78]范乾靖,刘建军,于迎春,等. 新型非金属光催化剂——石墨型氮 化碳的研究进展[J]. 化工进展,2014,33(5):1185 – 1194.

[79]Wang Y,Wang X,Antonietti M,et al. Facile one – pot synthesis of nanoporous carbon nitride solids by using soft templates[J]. Chem. Sus. Chem. , 2010,3(4):435 – 439.

[80]Wang Y,Zhang J,Wang X,et al. Boron – and fluorine – containing mesoporous carbon nitride polymers : Metal – free catalysts for cyclohexane oxidation [J]. Angewandte Chemie,2010,122(19):3428 – 3431.

[81]Yan H. Soft – templating synthesis of mesoporous graphitic carbon nitride with enhanced photocatalytic H_2 evolution under visible light. [J]. Chemical Communications,2012,48(28):3430 – 3432.

[82]Vinu A,Ariga K,Mori T,et al. Preparation and characterization of well-ordered hexagonal mesoporous carbon nitride[J]. Advanced Materials,2005,17 (13):1648 – 1652.

[83]Vinu A. Two – dimensional hexagonally – ordered mesoporous carbon

nitrides with tunable pore diameter, surface area and nitrogen content [J]. Advanced Functional Materials, 2008, 18(5): 816 – 827.

[84] Jin X, Balasubramanian V V, Selvan S T, et al. Highly ordered mesoporous carbon nitride nanoparticles with high nitrogen content: A metal – free basic catalyst [J]. Angewandte Chemie, 2009, 121(42): 8024 – 8027.

[85] Talapaneni S N, Mane G P, Mano A, et al. Synthesis of nitrogen – rich mesoporous carbon nitride with tunable pores, band gaps and nitrogen content from a single aminoguanidine precursor [J]. Chem. Sus. Chem. , 2012, 5(4): 700 – 708.

[86] Goettmann F, Fischer A, Antonietti M, et al. Chemical synthesis of mesoporous carbon nitrides using hard templates and their use as a metal – free catalyst for friedel – crafts reaction of benzene [J]. Angewandte Chemie – International Edition, 2006, 45(27): 4467 – 4471.

[87] Kailasam K, Epping J D, Thomas A, et al. Mesoporous carbon nitride – silica composites by a combined sol – gel/thermal condensation approach and their application as photocatalysts [J]. Energy & Environmental Science, 2011, 4 (11): 4668 – 4674.

[88] Park S S, Chu S, Xue C, et al. Facile synthesis of mesoporous carbon nitrides using the incipient wetness method and the application as hydrogen adsorbent [J]. Journal of Materials Chemistry, 2011, 21(29): 10801 – 10807.

[89] Zhang J, Guo F, Wang X. An optimized and general synthetic strategy for fabrication of polymeric carbon nitride nanoarchitectures [J]. Advanced Functional Materials, 2013, 23(23): 3008 – 3014.

[90] Dong F, Wu L, Sun Y, et al. Efficient synthesis of polymeric $g – C_3N_4$ layered materials as novel efficient visible light driven photocatalysts [J]. Journal of Materials Chemistry, 2011, 21(39): 15171 – 15174.

[91] Zhang Y, Liu J, Wu G, et al. Porous graphitic carbon nitride synthesized via direct polymerization of urea for efficient sunlight – driven photocatalytic hy-

drogen production[J]. Nanoscale,2012,4(17):5300 – 5303.

[92]Jun Y,Lee E Z,Wang X,et al. From melamine – cyanuric acid supra-molecular aggregates to carbon nitride hollow spheres[J]. Advanced Functional Materials,2013,23(29):3661 – 3667.

[93] Yang S,Gong Y,Zhang J,et al. Exfoliated graphitic carbon nitride nanosheets as efficient catalysts for hydrogen evolution under visible light[J]. Advanced Materials,2013,25(17):2452 – 2456.

[94]崔玉民,师瑞娟,李慧泉,等. 催化剂 SiO_2/CNI 的制备及其在光解水制氢领域中的应用[J].发光学报,2016,37(1):7 – 12.

[95]崔玉民,张文保,苗慧,等. g – C_3N_4/TiO_2复合光催化剂的制备及其性能研究[J].应用化工,2014,43(8):1396 – 1399.

[96]张文保,崔玉民,李慧泉,等. Bi_2O_3/g – C_3N_4复合催化剂的制备及其性能研究[J].阜阳师范学院学报(自然科学版),2015,32(1):29 – 34.

[97]Liu G,Niu P,Sun C,et al. Unique electronic structure induced high photoreactivity of sulfur – doped graphitic C_3N_4 [J]. Journal of the American Chemical Society,2010,132(33):11642 – 11648.

[98]Wang Y,Di Y,Antonietti M,et al. Excellent visible – light photocatalysis of fluorinated polymeric carbon nitride solids[J]. Chemistry of Materials, 2010,22(18):5119 – 5121.

[99]Wang Y,Li H,Yao J,et al. Synthesis of boron doped polymeric carbon nitride solids and their use as metal – free catalysts for aliphatic C—H bond oxidation[J]. Chemical Science,2011,2(3):446 – 450.

[100]Lin Z,Wang X. Nanostructure engineering and doping of conjugated carbon nitride semiconductors for hydrogen photosynthesis[J]. Angewandte Chemie International Edition,2013,52(6):1735 – 1738.

[101]Zhang Y,Mori T,Ye J,et al. Phosphorus – doped carbon nitride solid: Enhanced electrical conductivity and photocurrent generation[J]. Journal of the American Chemical Society,2010,132(18):6294 – 6295.

[102]Ge L,Han C,Liu J,et al. Enhanced visible light photocatalytic activity of novel polymeric g – C$_3$N$_4$ loaded with Ag nanoparticles. [J]. Applied Catalysis A – General,2011,409 – 410:215 – 222.

[103]Datta K K R,Reddy B V S,Ariga K,et al. Gold nanoparticles embedded in a mesoporous carbon nitride stabilizer for highly efficient three – component coupling reaction[J]. Angewandte Chemie International Edition,2010,49(34):5961 – 5965.

[104]Li X,Wang X,Antonietti M. Mesoporous g – C$_3$N$_4$ nanorods as multifunctional supports of ultrafine metal nanoparticles:Hydrogen generation from water and reduction of nitrophenol with tandem catalysis in one step[J]. Chemical Science,2012,3(6):2170 – 2174.

[105]Li X,Baar M,Blechert S,et al. Facilitating room – temperature suzuki coupling reaction with light : Mott – schottky photocatalyst for C – C – coupling [J]. Scientific Reports,2013,3:1743.

[106]Yue B,Li Q Y,Lwai H,et al. Hydrogen production using zinc – doped carbon nitride catalyst irradiated with visible light[J]. Science and Technology of Advanced Materials,2011,12(3):34401.

[107]Ge L,Zuo F,Liu J,et al. Synthesis and efficient visible light photocatalytic hydrogen evolution of polymeric g – C$_3$N$_4$ coupled with CdS quantum dots [J]. The Journal of Physical Chemistry C,2012,116(25):13708 – 13714.

[108]Fu J,Tian Y,Chang B,et al. Biobr – carbon nitride heterojunctions: Synthesis,enhanced activity and photocatalytic mechanism[J]. Journal of Materials Chemistry,2012,22(39):21159 – 21166.

[109]Liu W,Wang M,Xu C,et al. Significantly enhanced visible – light photocatalytic activity of g – C$_3$N$_4$ via ZnO modification and the mechanism study [J]. Journal of Molecular Catalysis A:Chemical,2013,368 – 369:9 – 15.

[110]Hou Y,Laursen A B,Zhang J,et al. Layered nanojunctions for hydrogen – evolution catalysis[J]. Angewandte Chemie International Edition,2013,52

(13):3621 - 3625.

[111]Ye S,Qiu L,Yuan Y,et al. Facile fabrication of magnetically separable graphitic carbon nitride photocatalysts with enhanced photocatalytic activity under visible light [J]. Journal of Materials Chemistry A, 2013, 1 (9): 3008-3015.

[112]Zhang J,Chen X,Takanabe K,et al. Synthesis of a carbon nitride structure for visible - light catalysis by copolymerization[J]. Angewandte Chemie International Edition,2010,49(2):441 - 444.

[113]Zhang J,Zhang G,Chen X,et al. Co - monomer control of carbon nitride semiconductors to optimize hydrogen evolution with visible light[J]. Angewandte Chemie International Edition,2012,51(13):3183 - 3187.

[114]Zhang J,Sun J,Maeda K,et al. Sulfur - mediated synthesis of carbon nitride : Band - gap engineering and improved functions for photocatalysis[J]. Energy & Environmental Science,2011,4(3):675 - 678.

[115]Zhang J,Zhang M,Zhang G,et al. Synthesis of carbon nitride semiconductors in sulfur flux for water photoredox catalysis[J]. ACS Catalysis,2012,2(6):940 - 948.

[116]Wang X,Blechert S,Antonietti M. ACS Catal. ,2012,2:1596.

[117]Wang X,Maeda K,Thomas A,Takanabe K,Xin G,Carlsson J,Domen K,Antonietti M. Nat. Mater. ,2009,8:76.

[118] Maeda K, Wang X, Nishihara Y, Lu D, Antonietti M, Domen K. J. Phys. Chem. C,2009,113:4940.

[119]Zhang J,Chen X,Takanabe K,Maeda K,Domen K,Epping J,Fu X,Antonietti M,Wang X. Angew. Chem. Int. Ed. ,2010,49:441.

[120]Zhang J,Sun J,Maeda K,Domen K,Liu P,Antonietti M,FuX,Wang X. Energy Environ. Sci. ,2011,4:675.

[121]Zhang J,Zhang G,Chen X,Lin S,MÖhlmann L,Doga G,Lipner G,Antonietti M,Blechert S,Wang X. Angew. Chem. Int. Ed. ,2012,51:3183.

［122］Zhang J, Zhang M, Lin S, Fu X, Wang X. J. Catal. ,2013,DOI：10. 1016/j. jcat. 2013. 01. 008.

［123］郑华荣,张金水,王心晨,等. 物理化学学报,2012,28:2336.

［124］万军,马志斌,曹宏,等. 高氮含量氮化碳微粉的制备［J］. 无机化学学报,2006,22(10):1838－1842.

［125］Wixom M R, J Am Cerun Soc,1990,73(7):1973－1978.

［126］Maya I, Cole D R, Hagaman E W. J Am Cerun Soc,1991,74(7):1686－1688.

［127］Nguyen J H, Jeanloz R. Material Science and Engineering A,1996,209:23－25.

［128］Tamikuni K, Miho S. J Mater Chem,1998,8:(1):193－196.

［129］Guseva M B, Babaev V G, Babina V M. Diumond and Related Meterials,1997,6:640－644.

［130］Balding J V, Nesting D C. Chem Mater,1996,8:(2):536－540.

［131］Teler D M, Hemley R J. Science,1996,271:53－55.

［132］Hammer P, Alvarez. Thin Solid Films,2001,398－399:116－123.

［133］Montigaud H, Tanguy B, Demazeau G. Diamond and Related Materials,1999,8:1707－1710.

［134］Barbara J, Elisabeth I, Peter K, et al. J Am Chem Soc,2003,125:10288－10300.

［135］Guo Q X, Yang Q, Yi C Y, et al. Carbon,2005,43:1386－1391.

［136］马志斌,汪建华,万军,等. 无机化学学报,2004,20(3):349－352.

［137］孟兆升,相炳坤,王仕杰,等. 直流电弧等离子体喷射法制备氮化碳薄膜研究［J］. 人工晶体学报,2014,43(12):3068－3073.

［138］刘秀军,孙振路,何奇宇,等. 半开放气体循环方式制备化学气相沉积金刚石膜［J］. 金刚石与磨料磨具工程,2008,(2):46－48.

［139］相炳坤,左敦稳,李多生,等. 大面积球面金刚石膜的均匀沉积研

究[J].人工晶体学报,2009,38(1):33 - 38.

[140] Huiquan Li, Yuxing Liu, Yumin Cui, Wenbao Zhang, Cong Fu, Xinchen Wang. Facile synthesis and enhanced visible – light photoactivity of Dy-VO_4/g – C_3N_4I composite semiconductors[J]. Applied Catalysis B:Environmental,2016,183 : 426 – 432.

第 3 章

氮化碳光催化材料活性

§3.1　g – C₃N₄/TiO₂ 催化剂活性测试[1]

3.1.1　g – C₃N₄/TiO₂催化剂活性测试方法

准确称取 TiO_2、$g – C_3N_4$ 和 $g – C_3N_4/TiO_2$ 催化剂粉末各 0.05g 于石英管中,分别加入 40mL 浓度为 10mg/L 的甲基橙溶液,并加入一个小磁子。将石英管放入光化学反应仪中,在暗处持续搅拌 30min,取样离心,分别测其吸光度 A_0。打开光源,光照理 1h,取样离心,测其吸光度 A_t,计算降解率 $X = (A_0 – A_t)/A_0 × 100\%$。绘制催化剂的紫外活性图。

3.1.2　催化剂 g – C₃N₄/TiO₂的紫外光催化活性

不同催化剂降解甲基橙的紫外光活性如图 3 – 1 所示。由图 3 – 1 可知,复合 $g – C_3N_4/TiO_2$ 光催化剂的紫外光催化活性比纯 TiO_2 和 $g – C_3N_4$ 大,甲基橙降解率达 96.6% 。因为 $g – C_3N_4$ 的引入造成了晶格缺陷,导致光催化活性位较多,提高了光催化活性。

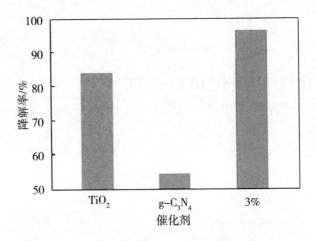

图 3-1　不同光催化剂降解甲基橙的紫外光催化活性图

3.1.3　清除剂对 g-C₃N₄/TiO₂ 催化剂紫外光活性的影响

准确称取 3% 催化剂粉末 0.05g 于石英管中,分别编号 1,2,3,4,5,依次加入 40mL 浓度为 10mg/L 的甲基橙溶液。然后 2 号管中加入 0.005mL 异丙醇(IPA),3 号管中加入 0.004g 草酸铵(AO),4 号管中加入 0.004g 对苯醌(BQ),5 号管中加入 0.0038mL 过氧化氢酶(CAT)。各管中均加入一个小磁子。将石英管放入光化学反应仪中,在持续搅拌下,暗处理 30min,取样离心,分别测其吸光度 A_0。打开光源,光照 1h,取样离心,测其吸光度 A_1,计算降解率,并作图。对于纯 g-C₃N₄ 按同样方法进行测试,结果如图 3-2 所示。

图 3-2 是 g-C₃N₄/TiO₂ 与 g-C₃N₄ 光催化剂加清除剂降解甲基橙溶液的紫外光催化活性。图 3-2 表明:①两种催化剂对模型化合物的降解规律是一致的;②不加清除剂、加入同样的清除剂时,g-C₃N₄/TiO₂ 光催化活性均高于 g-C₃N₄;③BQ 对 g-C₃N₄/TiO₂ 和 g-C₃N₄ 光催化活性降低最显著,即催化活性最低;④CAT 对 g-C₃N₄/TiO₂ 和 g-C₃N₄ 光催化活性影响最小即催化活性降低最小。添加 IPA 起到抑制体系降解过程中·OH 产生的作用[2],添加 AO 起到抑制体系降解过程中 h⁺ 产生的作用[3],添加 BQ 起到抑制体系

降解过程中·O_2^- 产生的作用[4],添加 CAT 起到抑制体系降解过程中 H_2O_2 产生的作用。紫外光照射下 g-C_3N_4/TiO_2 光催化剂降解甲基橙反应体系所产生的·OH、h^+、·O_2^- 都起着很重要的催化降解作用,其中·O_2^- 起着最主要的作用,·OH、h^+ 所起的作用较小,H_2O_2 几乎不起作用。

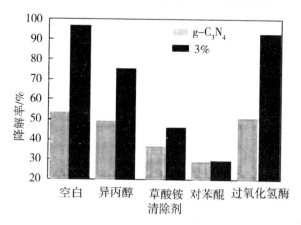

图 3-2　清除剂对催化剂紫外光活性的影响

§3.2　Bi_2O_3/g-C_3N_4 催化剂活性测试[5]

3.2.1　Bi_2O_3/g-C_3N_4催化剂活性测试方法

分别准确称取 0.050g g-C_3N_4 催化剂粉末均于石英管中,编号 1、2、3、4、5、6、7、8、9。依次加入 40mL 浓度为 2.50mg·L^{-1} 的甲基橙溶液,并各加入一个小磁子。将石英管放入光化学反应仪中(注意:打开电源前,要先开启冷却循环水装置),在持续搅拌下,暗处理 30min,取样离心 20min,分别测其吸光度 A_0。打开光源,光照处理 1h,取样离心 20min,测其吸光度 A_t,计算降解率 W(%) = ($A_0 - A_t$)/A_0 × 100%。

分别准确称取 Bi_2O_3/g-C_3N_4 复合光催化剂粉末均 0.050g 于石英管中,

编号①、②、③、④、⑤、⑥、⑦。依次加入 40mL 浓度为 2.50mg · L-1 的亚甲基蓝溶液,并各加入一个小磁子。将石英管放入光化学反应仪中(注意:打开电源前,要先开启冷却循环水装置),在持续搅拌下,暗处理 1h,取样离心 20min,分别测其吸光度 A_0。打开光源,光照处理 1h,取样离心 20min,测其吸光度 A_1,计算降解率 $W(\%) = (A_0 - A_1)/A_0 \times 100\%$。

3.2.2 $Bi_2O_3/g - C_3N_4$ 催化剂的光催化活性

表 3 – 1 给出了硫脲、尿素、二氰二胺分别在 450℃、550℃、650℃ 煅烧 2h 后制成的 9 种催化剂,光催化剂降解甲基橙的紫外光催化活性图。由表 3 – 1 可以看出,由硫脲在 450℃ 煅烧 2h 所制备的 $g - C_3N_4$ 紫外光催化活性最高,因此选择该条件制备的 $g - C_3N_4$ 光催化剂。图 3 – 3 给出了 450℃ 煅烧条件下①、②、③、④、⑤、⑥、⑦光催化降解甲基橙的紫外光催化活性图。

表 3 – 1 450℃、550℃、650℃ 所制备催化剂的紫外光

催化活性(光照 1h 甲基橙的降解率)

催化剂编号	制备催化剂条件	催化剂用量/g	甲基橙浓度/mg · L^{-1}	降解率/%
1	硫脲(450℃)	0.100	5.00	44.9
2	尿素(450℃)	0.100	5.00	27.5
3	二氰二胺(450℃)	0.100	5.00	19.2
4	硫脲(550℃)	0.100	5.00	21.3
5	尿素(550℃)	0.100	5.00	13.3
6	二氰二胺(550℃)	0.100	5.00	9.9
7	硫脲(650℃)	0.100	5.00	22.8
8	尿素(650℃)	0.100	5.00	20.5
9	二氰二胺(650℃)	0.100	5.00	10.2

由图 3 – 3 可以看出,随着复合型催化剂中 $g - C_3N_4$ 的质量百分率增大,光催化活性逐渐增大,当 $g - C_3N_4$ 在 $Bi_2O_3/g - C_3N_4$ 中的质量百分率为 80% 时,$Bi_2O_3/g - C_3N_4$ 的光催化活性最高为 59.1%,当 $g - C_3N_4$ 的质量百分率超

过80%时，$Bi_2O_3/g-C_3N_4$光催化活性逐渐降低，因此选择④复合型光催化剂。

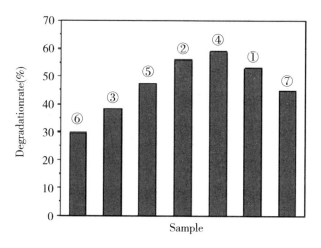

图3-3 不同 $g-C_3N_4$ 质量百分率的 $Bi_2O_3/g-C_3N_4$ 复合催化剂的紫外光催化活性

3.2.3 清除剂对 $Bi_2O_3/g-C_3N_4$ 催化剂紫外光活性的影响

以甲基橙为模型化合物，通过引入各种自由基清除剂，研究了④0.2gBi$_2$O$_3$+0.8gg-C$_3$N$_4$光催化剂的光催化机制。添加异丙醇（IPA）起到抑制体系降解过程中·OH产生的作用[2]，添加草酸铵（AO）起到抑制体系降解过程中 h$^+$ 产生的作用[3]，添加对苯醌（BQ）起到抑制体系降解过程中·O$_2^-$ 产生的作用[4]，添加过氧化氢酶（CAT）起到抑制体系降解过程中 H$_2$O$_2$ 产生的作用。由图3-4可以看出，在其他的条件不变的情况下，与不添加清除剂相比较，加入清除剂后，催化剂的活性均有所降低，尤其，对苯醌（BQ）加入后，催化剂的活性降得最低。这表明在光催化反应过程中·OH、h$^+$、·O$_2^-$ 和 H$_2$O$_2$ 均能起作用，特别是·O$_2^-$ 在光催化过程中起到主要作用[6,7]。

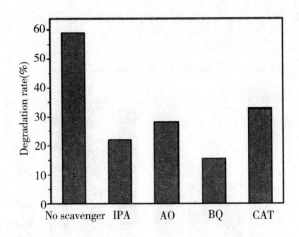

图 3 - 4　清除剂对 $Bi_2O_3/g-C_3N_4$ 催化剂活性的影响

§3.3　SiO_2/CNI 催化剂光解水产氢活性测试[8]

3.3.1　SiO_2/CNI 催化剂光解水产氢活性测试方法

称取一定质量的待测催化剂样品 0. 0500g 加入到 100mL10% (体积分数) 三乙醇胺水溶液中,进行超声波混合均匀后,倒入反应容器中。再加入 3% (质量分数) 的氯铂酸溶液,并加以搅拌维持溶液保持悬浮状态。采用循环冷却水使反应体系的温度保持在 (10 ± 1) ℃。在连续抽真空全部除去反应器和溶液中的空气后,打开光源进行光催化反应,通过截止型滤光片对入射光的波长进行控制。每隔 1h 取样一次,用气相色谱在线分析反应产物。

3.3.2　SiO_2/CNI 催化剂光解水产氢活性

图 3 - 5 表示了 SiO_2/CNI 系列光催化剂样品在可见光(λ >420nm)照射下的光解水产氢速率。与纯 CNI 产氢活性相比,由于 SiO_2 的负载,使 SiO_2/CNI 系列样品的产氢速率皆得到明显的提高。此外,还发现 SiO_2/CNI

的光催化性能与 SiO_2 和 CNI 质量比密切相关,当 SiO_2 与 CNI 质量比为 1: 15 时,SiO_2/CNI 光解水产氢活性最高,如图 3-5 所示。这充分体现了复合之后的光催化剂的优越性,并且进一步验证了上述光谱表征的结论。

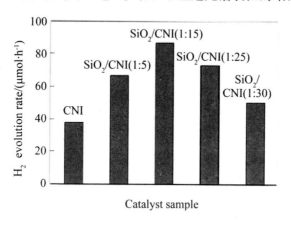

图 3-5 不同催化剂的产氢活性

§3.4 SiO_2/g-C_3N_4 催化剂活性测试[9]

3.4.1 SiO_2/g-C_3N_4 催化剂活性测试方法

准确称取纯 g-C_3N_4、4.8% SiO_2/g-C_3N_4、9.1% SiO_2/g-C_3N_4、13.0% SiO_2/g-C_3N_4、16.7% SiO_2/g-C_3N_4、20.0% SiO_2/g-C_3N_4 催化剂样品各 0.1g 分别放入石英管中,各加入一个聚四氟乙烯搅拌子,将石英管编号为 1、2、3、4、5、6,在上述石英管中再分别加入质量浓度为 2.500mg/L 的甲基橙溶液 40mL。将石英管放入规格为 50cm×45cm×4100cm 的光化学反应仪中,打开进水阀,打开电源,在持续搅拌下暗处理 30min,吸取约 8mL 溶液在高速离心机中离心 20min,取出静置 10min 后按顺序用紫外-可见分光光度计分别测其吸光度(A0),记录数据。打开 350W 氙灯可见光光源(光强 0.6kW/m^2,主波长为 460nm,光照垂直距离 12cm),可见光照射 2h,吸取约 8mL 溶液在高速离心机中离心分离 20min，测定波长为 464nm，其吸光度（A_t），计算甲基橙脱色率（X，%）=（$A_0 - A_t$）/$A_0 \times 100\%$。依据甲基橙脱色率绘制不同催化剂样品可见光催化活性图。

3.4.2　$SiO_2/g-C_3N_4$ 催化剂的可见光催化活性

图 3-6 给出了 $g-C_3N_4$ 和 4.8% $SiO_2/g-C_3N_4$、9.1% $SiO_2/g-C_3N_4$、13.0% $SiO_2/g-C_3N_4$、16.7% $SiO_2/g-C_3N_4$、20.0% $SiO_2/g-C_3N_4$ 光催化剂降解甲基橙的可见光催化活性图。

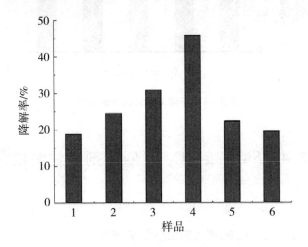

图 3-6　不同催化剂的可见光催化活性

（1）$g-C_3N_4$；（2）4.8% $SiO_2/g-C_3N_4$；（3）9.1% $SiO_2/g-C_3N_4$；
（4）13.0% $SiO_2/g-C_3N_4$；（5）16.7% $SiO_2/g-C_3N_4$；（6）20.0% $SiO_2/g-C_3N_4$

3.4.3　清除剂对 $SiO_2/g-C_3N_4$ 催化剂可见光活性的影响

众所周知，两种具有不同的氧化还原能级的价带和导带半导体，能提高光生电子和空穴对的分离效率和光生电子的转移[10]。SiO_2 和 $g-C_3N_4$ 带隙能分别是 9.0、2.70eV，SiO_2 和 $g-C_3N_4$ 能带之间的差距可以促使光生电子和空穴对在它们的能带之间进行转移。在可见光照射下，$g-C_3N_4$ 被激发产生光生电子空-穴对。$g-C_3N_4$ 的新导带边电位与 SiO_2 的新导带边电位相比更负[11,12]，从而导致光诱导电子从 $g-C_3N_4$ 表面很容易地迁移到 SiO_2 的 CB 能级上，同时光激发的空穴保留在 $g-C_3N_4$ 的价带（VB）上，另外，内在电场能够促进光生电子与空穴迁移，因此，光生电子与空穴对的复合受到有效的抑制，相应的可见光催化活性将大大提高。图 3-7(a) 是清除剂对 $g-C_3N_4$ 催化剂光催化降解甲基橙活性的影响；图 3-7(b) 是清除剂对 13.0% $SiO_2/g-C_3N_4$ 催化剂样品可见光催化活性影响。通过在反应体系内加入自由基清除剂，探究 $g-C_3N_4$、13.0% $SiO_2/g-C_3N_4$ 光催化机制。添加 5.000μL 异丙醇（IPA）起到抑制体系降解过程中·OH 产生的作用[2]，添加 0.004g 草酸铵（AO）起到抑制体系降解过程中 h^+ 产生的作用[3]，添加 0.004g 对苯醌（BQ）起到抑制体系降解过程中·O_2^- 产生的作用[4]，添加 3.800μL 过氧化氢酶（CAT）起到抑制体系降解过程中 H_2O_2 产生的作用[6]，e^- 的清除剂 0.004g $NaNO_3$（硝酸钠，硝酸根离子 NO_3^-）也被分别引入反应体系[7]。根据图 3-7(a)、图 3-7(b) 观察：(1) 引入自由基清除剂后，催化剂的活性均发生降低；(2) $NaNO_3$ 的引入对催化剂的可见光催化活性影响最小，表明 e^- 不是主要活性物种；(3) 加入异丙醇、过氧化氢酶、对苯醌后，催化剂的活性均发生明显降低，对苯醌（BQ）使催化剂的可见光催化活性降得最低。这进一步说明，羟基自由基（·OH）、过氧化氢（H_2O_2）、超氧离子自由基（·O_2^-）在可见光催化降解甲基橙过程中起较为明显的作用，特别是超氧离子自由基（·O_2^-）起着最主要作用[6,7]。

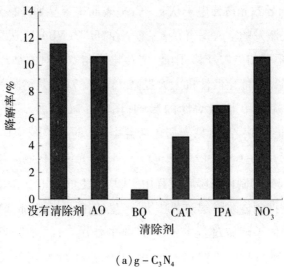

（a）g – C₃N₄

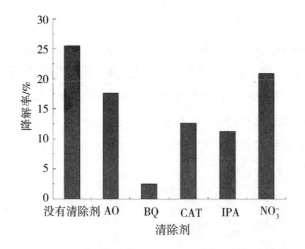

（b）13.0% SiO₂/g – C₃N₄

图 3 – 7　清除剂对不同催化剂活性（降解甲基橙）的影响

§3.5 SnS₂/g–C₃N₄ 催化剂活性测试[13]

3.5.1 SnS₂/g–C₃N₄ 催化剂的可见光活性

图 3-8 是 g-C₃N₄、SnS₂、g-C₃N₄ 和 SnS₂ 不同质量配比制备的 SnS₂/g-C₃N₄ 异质结光催化剂降解甲基橙的可见光催化活性图。从图 3-8 可以看出,5.0% SnS₂/g-C₃N₄ 的异质结纳米片(SCHN5)光催化剂降解甲基橙的脱色率最大(48.2%),即 SnS₂/g-C₃N₄ 的异质结纳米片的催化活性相比单一 SnS₂ 和 g-C₃N₄ 光催化剂的催化活性得到明显的提高。

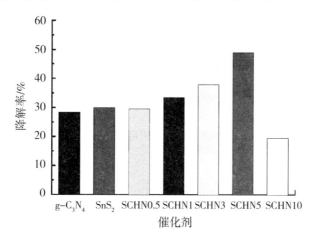

图 3-8 不同催化剂的可见光催化降解甲基橙活性

3.5.2 清除剂对 SnS₂/g–C₃N₄ 催化剂可见光活性的影响

图 3-9 为清除剂对催化剂可见光活性的影响,本实验以可见光降解甲基橙为催化体系,在催化体系中添加各种自由基清除剂,考察了 SnS₂/g-C₃N₄ 光催化剂的光催化机制。异丙醇(IPA)抑制反应过程中·OH 的产生[2],

草酸铵(AO)阻止反应体系中 h + 的产生[3],对苯醌(BQ)抑制反应过程中·O_2^-的产生[4],过氧化氢酶(CAT)抑制反应过程中 H_2O_2 的产生。图 3 - 9 显示,在其他条件相同的情况下,与不加自由基清除剂比较,清除剂的加入使得催化剂活性都发生下降,在其他条件相同的情况下与不添加清除剂相比,h + 和 H_2O_2 在可见光催化降解甲基橙的过程中不是主要活性物种。加入异丙醇(IPA)和对苯醌(BQ)后,催化剂的活性降低非常明显,特别是 IPA 加入后,催化剂的活性降得最低。说明在光催化过程中·OH 和·O_2^- 自由基起主要作用,尤其·OH 起最主要作用[6,7]。

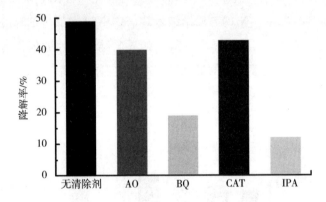

图 3 - 9   清除剂对催化剂可见光活性的影响

§3.6 Co_3O_4 – CNB 催化剂活性测试

3.6.1 Co_3O_4 – CNB 催化剂的紫外光活性

图 3 - 10 为 Co_3O_4 – CNB 复合光催化剂降解甲基橙的紫外光催化活性图。就复合型的 Co_3O_4 – CNB 光催化剂而言,光催化剂的降解率随 Co_3O_4 与 CNB 的质量比率的增大先增大,当 Co_3O_4 与 CNB 的质量比率为 1% 时光催化剂的降解率达到最高(79.7%),然后其紫外光催化活性又随 Co_3O_4 与 Co_3O_4

－CNB 的质量比率的增大而降低。由图 3 - 10 可以看出复合后的 Co_3O_4 －
CNB 光催化剂的紫外光催化活性较纯样(Co_3O_4 和 CNB)的均有所提高,说明
本实验对 Co_3O_4 －CNB 的改性有一定的效果。

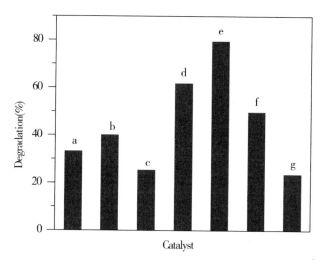

图 3 - 10　不同催化剂的紫外光催化活性

a—CN;b—CNB;c—Co_3O_4;d—0.5% Co_3O_4 － CNB;

e—1% Co_3O_4 － CNB;f—2% Co_3O_4 － CNB;g—5% Co_3O_4 － CNB

3.6.2　清除剂对催化剂活性的影响

以甲基橙为模型化合物,通过引入各种自由基清除剂,考察 1% Co_3O_4 －
CNB 型复合光催化剂的光催化机制。对苯醌(BQ)作为 $\cdot O_2^-$ 的清除剂[4],
$\cdot OH$ 的清除剂为异丙醇(IPA)[2],e^- 的清除剂为 $NaNO_3$ 被分别引入反应体
系。为了考察 h^+ 和 H_2O_2 物种的作用,草酸铵(AO)和过氧化氢酶(CAT)也
被分别引入反应体系[3]。

图 3 - 11 显示清除剂对催化剂活性的影响。从图中可以看出,异丙醇
(IPA)、过氧化氢酶(CAT)和 $NaNO_3$ 的加入对催化剂紫外活性的影响很小,
可以忽略。与不添加清除剂相比,在其他条件相同的情况下,说明在紫外光

照射下光催化降解甲基橙的过程中·OH、H_2O_2 和 e^- 不是主要的活性物种。加入草酸铵(AO)和对苯醌(BQ)后,催化剂的活性均有较为明显的降低,特别是对苯醌(BQ)的加入使得催化剂的活性降得最低。也就是说,h^+ 和·O_2^-,特别是·O_2^- 在光催化过程中起主要作用[6,7]。

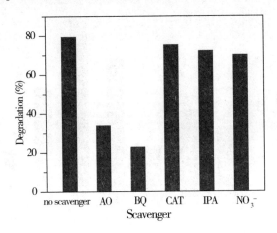

图 3 – 11　添加各种清除剂对催化剂活性(降解甲基橙)的影响

no scavenger;AO:ammonium oxalate;BQ:p – benzoquinone;

CAT:catalase;IPA:isopropanol;NO_3^-:NaNO$_3$

3.6.3　催化剂稳定性的分析

通过将 1% Co_3O_4 – CNB 催化剂样品添加到甲基橙溶液在紫外光照射下光照 2h,然后回收 1% Co_3O_4 – CNB 催化剂样品,再重复进行紫外光降解甲基橙实验,重复 4 次,来测定 1% Co_3O_4 – CNB 催化剂样品的光催化稳定性,结果如图 3 – 12 所示。

从图 3 – 12 可以看出,随着循环使用的次数的增加,1% Co_3O_4 – CNB 催化剂样品的光催化活性基本不变,这说明了该催化剂对甲基橙分子的降解具有很好的稳定性,这表明我们采用的焙烧法制备的 1% Co_3O_4 – CNB 光催化剂将有利于在环境领域中的应用。

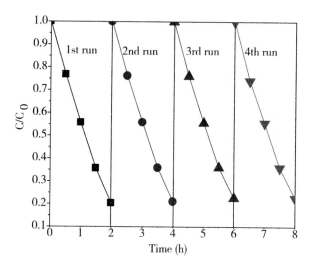

图3-12 1%Co₃O₄-CNB催化剂样品稳定性的分析

采用焙烧法在550℃制备了纯CNB,然后,以纯CNB和纯的Co₃O₄作为前驱体,通过焙烧的方法合成了具有Co₃O₄与CNB不同质量比率的Co₃O₄-CNB复合光催化剂。与纯的Co₃O₄和CNB相比,1%Co₃O₄-CNB光催化剂在400~800nm区域具有更强的光吸收性能并且吸收边向长波方向移动。当Co₃O₄与CNB质量比率为1%时,1%Co₃O₄-CNB复合型光催化剂具有最高的催化活性。适当的Co₃O₄含量有利于电子与空穴的分离。添加各种自由基清除剂研究实验表明:·OH,h⁺、·O₂⁻、H₂O₂和e⁻,特别是·O₂⁻,共同支配了甲基橙的光催化降解过程。

§3.7 CNB-BA 催化剂活性测试

3.7.1 CNB-BA 复合催化剂的活性

准确称取催化剂粉末 CN、CNB、BA、CNB-BA₀.₀₀₅、CNB-BA₀.₀₁、CNB-BA₀.₀₃、CNB-BA₀.₀₅及 CNB-BA₀.₁ 各0.050g 于石英管中,编号为1、2、3、4、

5、6、7、8，分别加入 40mL 浓度为 5mg·L^{-1} 甲基橙，最后分别放入一个小磁子。把石英管放入光化学反应仪中，在持续搅拌下，暗处理 30min，取样离心20min。之后打开 300W 汞灯光源，进行紫外光照降解打开光源，光照处理45min，取样离心 20min，测其吸光度 A_t，计算降解率 $W(\%) = (A_0 - A_t)/A_0 \times 100\%$。根据所得降解率绘制出 550℃不同质量比催化剂样品的紫外活性图。如图 3-13 所示。

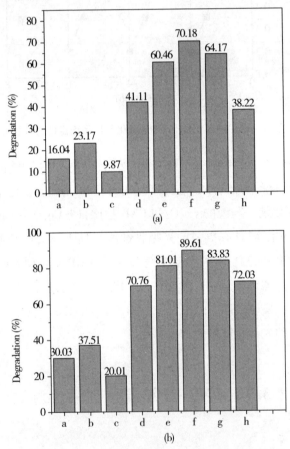

图 3-13　CNB-BA 复合催化剂紫外光活性

（a）光照 30min；（b）光照 45min

a—CN；b—CNB；c—BA；d—CNB-BA$_{0.005}$；e—CNB-BA$_{0.01}$；

f—CNB-BA$_{0.03}$；g—CNB-BA$_{0.05}$；h—CNB-BA$_{0.1}$

由图 3 – 13 可知 CNB – BA$_{0.03}$ 催化剂在 45min 基本就把甲基橙降解完了,随着复合型催化剂中 BA 的成分增多,光催化活性先增加后减小,且 CNB – BA$_{0.03}$ 降解率最好。由图 3 – 14 可知暗反应几乎甲基橙不降解,且光反应速率明显加快,前半个小时降解速率较快。

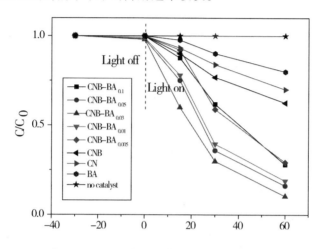

图 3 – 14 不同催化剂紫外光催化降解活性

a—CN;b—CNB;c—BA;d—CNB – BA$_{0.005}$;e—CNB – BA$_{0.01}$;

f—CNB – BA$_{0.03}$;g—CNB – BA$_{0.05}$;h—CNB – BA$_{0.1}$

3.7.2 各种清除剂对催化剂活性的影响

本实验以紫外光降解甲基橙催化体系,在催化体系中添加各种自由基清除剂,考察了 CNB – BA 光催化剂的光催化活性(图 3 – 15)。·OH 的清除剂异丙醇(IPA)也被引入到反应体系,草酸铵(AO)、过氧化氢酶(CAT)和对苯醌(BQ)也被分别引入反应体系,分别为 h$^+$、H$_2$O$_2$、·O$_2^-$。催化剂样品的紫外活性图是根据表 3 – 1 中的降解率数据绘制出来的。从图 3 – 15 可以看出,草酸铵(AO)、过氧化氢酶(CAT)和异丙醇(IPA)的加入对催化剂紫外活性的影响很小,可以忽略,说明在其他条件相同的情况下与不添加清除剂相比,h$^+$ 和 ·OH 在紫外光催化降解甲基橙的过程中不是主要活性物种。加入对苯醌(BQ)后,催化剂的活性降低非常明显,说明在光催化过程中·O_2^-自由基起主要作用。

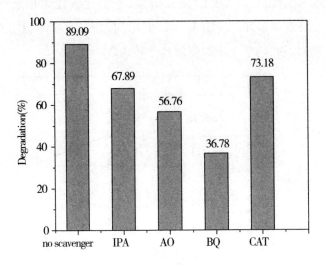

图 3-15　不同清除剂对 CNB-BA 光催化降解率影响

§3.8　$DyVO_4/g-C_3N_4I$ 催化剂活性测试[14]

3.8.1　$DyVO_4/g-C_3N_4I$ 光催化活性

以亚甲基蓝为光催化降解模型化合物,考察了 $g-C_3N_4$、$g-C_3N_4I$、3.2% $DyVO_4/g-C_3N_4I$、6.3% $DyVO_4/g-C_3N_4I$、9.7% $DyVO_4/g-C_3N_4I$、$DyVO_4$ 催化剂样品的可见光催化活性(图 3-16),并验证上述催化剂的降解能力。在没有催化剂存在的条件下,用可见光照射亚甲基蓝溶液 4h 时,发现亚甲基蓝溶液浓度发生很小变化,这说明亚甲基蓝溶液自身光降解程度很小。当 $DyVO_4$ 在 $DyVO_4/g-C_3N_4I$ 中的质量百分含量从 3.2% 增加到 9.7% 时,复合催化剂 $DyVO_4/g-C_3N_4I$ 光催化活性先增大,后降低,当 $DyVO_4$ 在 $DyVO_4/g-C_3N_4I$ 中的质量百分含量为 6.3% 时,$DyVO_4/g-C_3N_4I$ 光催化活性最高。$DyVO_4/g-C_3N_4I$ 光催化活性明显高于 $g-C_3N_4$、$g-C_3N_4I$、$DyVO_4$

催化剂的活性。当光照射 4h 时,6.3% DyVO$_4$/g - C$_3$N$_4$I 光催化降解亚甲基蓝降解率达 65% ,而同样条件下,g - C$_3$N$_4$、g - C$_3$N$_4$I、DyVO$_4$光催化降解亚甲基蓝降解率分别达到 21%、35%、8%。

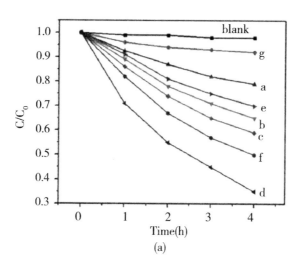

图 3 - 16 催化剂的可见光催化降解亚甲基蓝活性图

图 3 - 17 是 g - C$_3$N$_4$、g - C$_3$N$_4$I、3.2% DyVO$_4$/g - C$_3$N$_4$I、6.3% DyVO$_4$/g - C$_3$N$_4$I、9.7% DyVO$_4$/g - C$_3$N$_4$I、DyVO$_4$催化剂样品光催化产氢活性图。从图 3 - 17 可知,光催化产氢效率与光催化降解亚甲基蓝效率具有类似规律,即随着 DyVO$_4$ 在 DyVO$_4$/g - C$_3$N$_4$I 中含量增大先增加,后减少。6.3% Dy-VO$_4$/g - C$_3$N$_4$I 对亚甲基蓝的光催化降解比率超过 DyVO$_4$、g - C$_3$N$_4$ 与 g - C$_3$N$_4$I 的 1.8 倍,它的光催化制氢速率高于 DyVO$_4$的 10.6 倍、g - C$_3$N$_4$ 的 4.7 倍、g - C$_3$N$_4$I 的 1.7 倍。

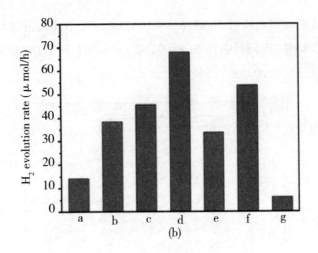

图 3 - 17　催化剂样品光催化产氢活性图

a—g – C_3N_4；b—g – C_3N_4I；c—3. 2% $DyVO_4$/g – C_3N4I；

d—6. 3% $DyVO_4$/g – C_3N_4I；e—6. 3% $DyVO_4$/g – C_3N_4I（物理混合）；

f—9. 7% $DyVO_4$/g – C_3N_4I；g—$DyVO_4$（可见光波长 > 420）

为了强调在 g – C_3N_4I 与 $DyVO_4$ 之间具有较好的相互作用，对于物理混合物 6. 3% $DyVO_4$/g – C_3N_4I 催化剂也进行光催化活性测试（图 3 – 16 及图 3 – 17）。显然，物理混合物 6. 3% $DyVO_4$/g – C_3N_4I 催化活性低于 6. 3% $DyVO_4$/g – C_3N_4I（图 3 – 16 及图 3 – 17），进一步证明生成复合物的优点。

3. 8. 2　$DyVO_4$/g – C_3N_4I 光催化降解亚甲基蓝反应机理

众所周知，在光催化降解有机物过程中产生 O_2^-、h^+、OH、H_2O_2 等活性物种[15 – 18]，为了研究这些物种，在降解亚甲基蓝过程中，我们使用苯醌（BQ）、草酸铵（AO）、异丙醇（IPA）和过氧化氢酶（CAT）分别作为 O_2^-、h^+、OH、H_2O_2 的自由基清除剂。通过添加不同清除剂除去光催化降解过程中所产生的自由基，不同活性物种在光催化降解亚甲基蓝过程中所起作用评价了光催化降解效率变化。

由图 3 – 18 可知，过氧化氢酶（CAT）或异丙醇的加入会导致 6. 3% Dy-

$VO_4/g - C_3N_4I$ 光催化活性发生轻微变化,这表明·OH 或 H_2O_2 在光催化降解亚甲基蓝过程中不是主要的活性物种。然而,苯醌(BQ)或草酸铵(AO)加入导致 6.3% $DyVO_4/g - C_3N_4I$ 光催化活性发生很大变化,这表明·O_2^-、h^+ 在光催化降解亚甲基蓝过程中是主要的活性物种。基于这些研究结果,光催化降解亚甲基蓝过程中产生的自由基是·O_2^-、h^+,而不是·OH、H_2O_2。

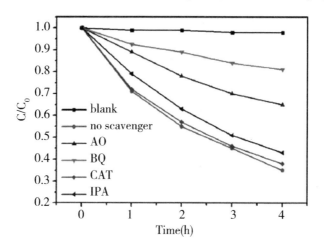

**图 3 - 18   自由基清除剂对 $DyVO_4/g - C_3N_4I$ 可见光
催化降解亚甲基蓝活性的影响**

根据上述讨论,$DyVO_4/g - C_3N_4I$ 光催化降解亚甲基蓝可能反应机理如下:

$$Catalyst(DyVO_4/g - C_3N_4I) + hv \rightarrow e^- + h^+ \tag{3-1}$$

$$e^- + O_2 \rightarrow ·O_2^- \tag{3-2}$$

$$methyleneblue + h^+ \rightarrow products \tag{3-3}$$

$$methyleneblue + ·O_2^- \rightarrow products \tag{3-4}$$

根据文献报道[19-22],$DyVO_4$ 和 $g - C_3N_4I$ 的底部导带电位和顶部价带电位分别是 0.71、+1.61、1.19、+1.49V(vs. Ag/AgClpH6.6)。图 3 - 19 显示在 $DyVO_4$ 与 $g - C_3N_4I$ 之间导带和价带边沿具备很好匹配的位置,一旦 Dy-VO_4 和 $g - C_3N_4I$ 相互作用结合在一起,两个半导体之间传导带偏移量可以驱动光生电子(e)从 g-C₃N₄I 向 DyVO₄ 迁移,而价带偏移量可以驱动光生空穴(h⁺)从 DyVO₄ 向 g-C₃N₄I 转移[19,23-26]。电子在 DyVO₄ 界面连接处重新分配和空穴在对面 g-C₃N₄I 的界面连接处重新分配可以大大减少电子与空穴的复合,这可从图 3-20 光致发光光谱(PL)、图 3-21 电化学阻抗谱、图 3-22 光电流测试得到证实。光生载流子在复合催化剂 DyVO₄/g-C₃N₄I 内成功分离,这可以增加电荷载体的寿命,从而提高界面电荷向吸附物质转

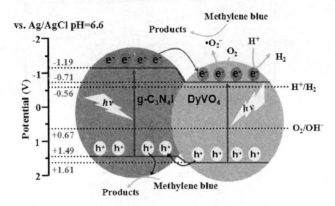

图 3-19　复合光催化剂 DyVO₄/g-C₃N₄I 的可见光生载
流子的产生、迁移、分离图

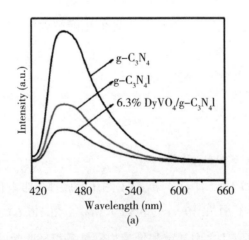

图 3-20　g-C₃N₄、g-C₃N₄I、6.3%DyVO₄/g-C₃N₄I
催化剂样品的 PL 图

移的效率[19,24]，并且，促进了光还原反应。因此在 $DyVO_4$ 与 $g-C_3N_4I$ 发生复合后，$g-C_3N_4I$ 的光催化活性大大增强。

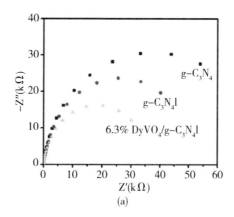

(a)

图3-21　$g-C_3N_4$、$g-C_3N_4I$、6.3%$DyVO_4/g-C_3N_4I$

催化剂样品的电化学阻抗谱

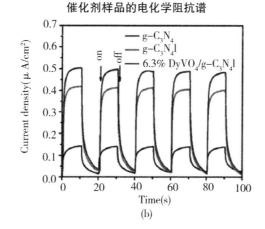

(b)

图3-22　$g-C_3N_4$、$g-C_3N_4I$、6.3%$DyVO_4/g-C_3N_4I$

催化剂样品的光电流测试(波长＞420nm)

复合催化剂 $DyVO_4/g-C_3N_4I$ 的可见光催化活性的改变可以从以下两个方面得到解释：第一方面，随着 $DyVO_4$ 在 $DyVO_4/g-C_3N_4I$ 中百分含量从3.2%增大到6.3%，增大了 $DyVO_4$ 与 $g-C_3N_4I$ 之间接触面积，这样促进了光生电子与空穴对发生有效分离，从而导致了复合催化剂 $DyVO_4/g-C_3N_4I$ 光催化活性提高。第二方面,如果 $DyVO_4$ 的含量增加过量,过剩的 $DyVO_4$ 可能会降低 $DyVO_4$ 和 $g-C_3N_4I$ 之间有效接触质量,这对光生载流子在异质结界面上的分离是不利的。此外,过量 $DyVO_4$ 覆盖在 $g-C_3N_4I$ 表面上可以阻止活性点位,因此,随着 $DyVO_4$ 含量的增加,复合催化剂 $DyVO_4/g-C_3N_4I$ 光催化活性先增大,然后减小。因此 6.3% $DyVO_4/g-C_3N_4I$ 催化剂具有最高的光催化活性。

3.8.3　复合催化剂 $DyVO_4/g-C_3N_4I$ 稳定性

众所周知,对于催化剂的实际应用来说,催化剂的稳定性是非常重要的。因此,采用循环实验法来测试复合催化剂 $DyVO_4/g-C_3N_4I$ 在光催化反应过程中的稳定性,在相同条件下,采用 6.3% $DyVO_4/g-C_3N_4I$ 作为循环催化剂进行重复实验,图 3 – 23 为催化剂 6.3% $DyVO_4/g-C_3N_4I$ 光催化降解亚甲基蓝稳定性实验。图 3 – 24 为催化剂 6.3% $DyVO_4/g-C_3N_4I$ 光催化产氢稳定性实验。从图 3 – 23、图 3 – 24 可知,经过 4 次循环实验之后,6.3% $DyVO_4/g-C_3N_4I$ 的可见光活性没有发生明显变化,这表明 6.3% $DyVO_4/g-C_3N_4I$ 在光催化反应过程中没有发生光腐蚀,并且保持较好的稳定性。这主要是由于光生电子和空穴对在催化剂 $DyVO_4$ 与 $g-C_3N_4I$ 界面之间的有效分离和转移的结果[24,26]。

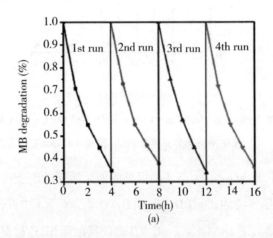

图 3 – 23　催化剂 6.3% $DyVO_4/g-C_3N_4I$ 光催化降解亚甲基蓝稳定性实验

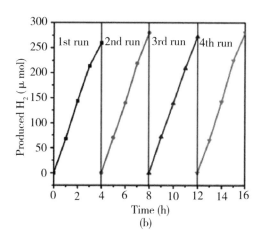

图 3 - 24 催化剂 6.3%DyVO$_4$/g - C$_3$N$_4$ I 光催化产氢稳定性实验

§3.9 Bi$_2$WO$_6$/g - C$_3$N$_4$ 催化剂活性[27]

使用紫外 - 可见光谱仪对所合成样品 Bi$_2$WO$_6$、60wt% Bi$_2$WO$_6$/g - C$_3$N$_4$ 和 g - C$_3$N$_4$ 进行了紫外漫反射表征,结果如图 3 - 25 所示。从图中可见,3 种样品都在可见光区有较强的吸收。然而,与单一相 Bi$_2$WO$_6$(图 3 - 25A)相比,复合型光催化剂 60wt% Bi$_2$WO$_6$/g - C$_3$N$_4$(图 3 - 25B)对可见光的吸收发生了明显的红移。这可能是由于 Bi$_2$WO$_6$ 和 g - C$_3$N$_4$(图 3 - 25C)共同敏化作用的结果[28],同时也间接地说明了复合型光催化剂相对与单一相 Bi$_2$WO$_6$ 更能有效地利用太阳光。为了评价所合成的催化剂的光催化性能,在可见光照射下,使用罗丹明 B 稀溶液作为模拟污染物进行光催化降解实验。如图 3 - 26 是不同样品对罗丹明 B 的降解图,由图可见,单一相 Bi$_2$WO$_6$ 和 g - C$_3$N$_4$ 在3h 内对罗丹明 B 的降解率分别是 45% 和 56%。然而,复合型光催化剂 Bi$_2$WO$_6$/g - C$_3$N$_4$ 的催化活性则受 Bi$_2$WO$_6$ 负载量的影响。起初,随着 Bi$_2$WO$_6$ 负载量的增加,复合型光催化剂的催化活性逐渐增强,在 60wt% Bi$_2$WO$_6$ 时达到最佳,3h 内完全降解罗丹明 B。之后,随着 Bi$_2$WO$_6$ 含量的增加复合催化剂活性有所下降。这可能是由于过量 Bi_2WO_6 纳米颗粒的负载会导致 $g-C_3N_4$ 表面上的活性位点减少。

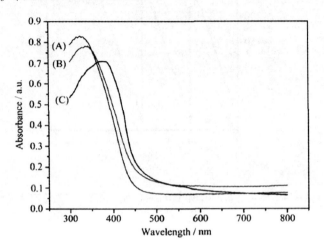

图 3 - 25　$Bi_2WO_6(A)$,60wt%$Bi_2WO_6/g-C_3N_4(B)$ 和

$g-C_3N_4(C)$ 样品的紫外 - 可见漫反射光谱

A—Bi_2WO_6;B—60wt% $Bi_2WO_6/g-C_3N_4$;C—$g-C_3N_4$

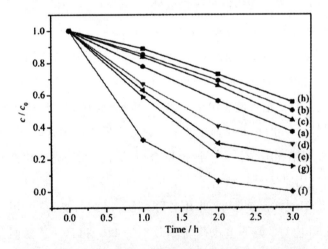

图 3 - 26　不同 Bi_2WO_6 含量的复合样品对 RhB 的降解

a—$g-C_3N_4$;b—10wt%;c—20wt%;d—30wt%;e—50wt%;

f—60wt%;g—80wt%,h—Bi_2WO_6

复合型催化剂 $60wt\% \, Bi_2WO_6/g - C_3N_4$ 具有高光催化活性的主要原因可归结于以下几点:(1) $g - C_3N_4$ 和 Bi_2WO_6 具有相互匹配的能带位置关系($g - C_3N_4$: $E_{CB} = -1.13$, $E_{VB} = 1.57eV$; Bi_2WO_6: $E_{CB} = 0.24eV$, $E_{VB} = 2.94eV$)[29-32],当 Bi_2WO_6 成功地负载在 $g - C_3N_4$ 表面与层间后,形成了复合结构,在可见光照射下,光生电子与空穴能够及时地分离,提高了催化剂的量子效率,机理如图 3 - 27 所示。(2)经过溶剂热反应后,块状 $g - C_3N_4$ 被部分剥离成分散性相对均匀的碎片,增大了催化剂的比表面积,吸附能力增强。(3) $60wt\% \, Bi_2WO_6/g - C_3N_4$ 对光的吸收与单一的 Bi_2WO_6 相比明显发生了红移,可见光利用率增高。

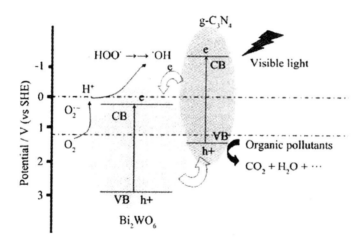

图 3 - 27　可见光下 $Bi_2WO_6/g - C_3N_4$ 复合的光催化机理

除了具有高的催化活性外,$60wt\% \, Bi_2WO_6/g - C_3N_4$ 复合型光催化剂在回收利用上也克服了单一 $g - C_3N_4$ 粉末难以回收的缺点,通过简单的离心即可回收。为了检验复合样品的稳定性,回收催化剂后再加入相同体积和浓度的新鲜罗丹明 B 溶液重新进行光催化降解实验,分别暗吸附 30min 和光照 3h,计算其降解效率,反复 4 次循环,实验结果如图 3 - 28 所示。由图可见,经历 4 次循环利用后样品的光催化降解效率降低不足 5%,这意味着样品在光催化降解污染物的过程中没有光腐蚀现象发生,显示了良好的稳定性。

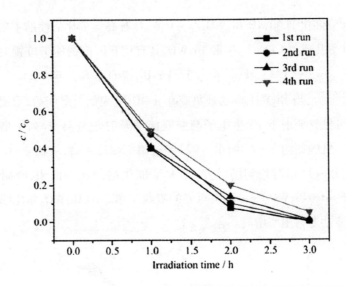

图 3 - 28　60wt% $Bi_2WO_6/g - C_3N_4$ 复合型光催化剂的回收和重复实验

通过一步简单溶剂热法成功地制备了复合型光催化剂 $Bi_2WO_6/g -$ C_3N_4。利用各种表征手段对催化剂的结构、组成和形成机理进行了仔细的分析:认为块状 $g - C_3N_4$ 部分被剥离成相对分散的碎片的主要原因是由于 Bi_2WO_6 纳米颗粒在其层间不断植入所造成的。在可见光照射下,以罗丹明 B 为模拟降解物,60wt% $Bi_2WO_6/g - C_3N_4$ 复合型光催化剂显示出了优异的可见光光催化性能。这主要是由于所制得的复合型光催化剂与单一的 $g - C_3N_4$ 和 Bi_2WO_6 相比具有更高的量子效率和大的比表面积。除此之外,重复回收实验表明:60wt% $Bi_2WO_6/g - C_3N_4$ 复合型光催化剂不仅具有很好的稳定性而且容易回收。

§ 3.10　$g - C_3N_4/BiVO_4$ 催化剂活性[33]

Inoue 等[34]早在 1979 年就发现 TiO_2 等半导体在光照下能将 CO_2 还原为 $HCHO$ 和 CH_3OH。同时,他们还指出光催化还原 CO_2 为 $HCOOH$、$HCHO$、CH_3OH 和 CH_4 的过程分别需要 $2e^-$、$4e^-$、$6e^-$ 和 $8e^-$,对应的还原电势分别

为 -0.61、-0.48、-0.38 和 $-0.24V$。因此,用于光催化还原 CO_2 的半导体催化剂必须具有比 CO_2 还原电势更负的导带能级,才能将 CO_2 还原为碳氢化合物。在过去的几十年里,为了开发高效光催化体系,研究人员已尝试用不同的半导体来催化还原 CO_2,如 TiO_2, ZnS, Bi_2WO_6, $InTaO_4$ 和 $ZnGa_2O_4$ 等[35-39]。然而,由于电子 - 空穴对的高复合率,单一的光催化剂的催化效率通常较低,而且有些催化剂由于其禁带宽度较宽,只在紫外光下显示出催化活性,这就大大限制了其应用。为了解决这些问题,研究人员探索了一系列提高催化效率的方法,包括贵金属沉积、离子掺杂和半导体复合等[40-42]。在这几种方法中,半导体复合吸引了更多的关注,这是由于两种半导体间形成的异质结有利于电子和空穴的分离,从而提高光催化效率[43,44]。

类石墨氮化碳($g-C_3N_4$)具有良好的热稳定性、化学稳定性、合适的禁带宽度($2.7eV$)和较负的导带能级($-1.3V$)。Wang 等[45]在 2009 年发现 $g-C_3N_4$ 能用于光催化产氢,这使得 $g-C_3N_4$ 在近几年里成为催化领域的研究热点。随后又有报道 $g-C_3N_4$ 可用于光催化还原 CO_2[46,47]。$g-C_3N_4$ 的制备非常简单。最常用的方法是热分解富氮的前驱体,如硫脲、二氰胺和三聚氰胺等[48-50]。由热解法得到的 $g-C_3N_4$ 呈块状,受晶界效应等的影响,其催化效率较低。$g-C_3N_4$ 具有与石墨类似的层状结构,因此能通过热刻蚀和酸/碱处理将块状的 $g-C_3N_4$ 剥离为二维纳米片[51,52]。在二维纳米片材料中,光生载流子能很快地转移至催化剂表面发生催化反应,从而抑制载流子的复合,增加催化效率。另外,为了提高 $g-C_3N_4$ 的催化效率,有报道将其与其他半导体复合,如 $NaNbO_3$ 和 Ag_3PO_4 等[53-55]。

$BiVO_4$ 最早作为光催化剂是用于析氧反应[56]。$BiVO_4$ 具有四方锆石相、四方白钨矿相和单斜白钨矿相等三种晶相。其中,具有窄带隙的单斜白钨矿相 $BiVO_4$($2.4eV$)显示出最高的光催化活性。水热法常用于制备单斜相 $BiVO_4$,并通过调节反应前驱体的配比可以得到不同的形貌,如纳米椭球、微球,纳米片和纳米叶等[57-60]。由于 $BiVO_4$ 体相材料的导带能级低于 H_2O 的还原电势($0V$(vsNHE)),因此 $BiVO_4$ 通常用于析氧反应和光降解反应。然而,用不同方法合成的 $BiVO_4$ 纳米材料的导带能级发生上移,从而使其能用

于光催化还原 CO_2。例如，Mao 等[61]用表面活性剂辅助水热法合成了层状的 $BiVO_4$，并用于光催化还原 CO_2。催化实验显示 $BiVO_4$ 在可见光照射下能选择性生成甲醇。此外，一系列的改性方法也可增加 $BiVO_4$ 的光催化活性，如贵金属沉积（Au - $BiVO_4$）、离子掺杂（Mo - $BiVO_4$）和半导体复合（$BiOBr$ - $BiVO_4$）等[62-64]。

催化活性及机理样品的光催化性能通过光催化还原 CO_2 来评价。如图 3-29 所示，反应 8h 所得的主要产物为 CH_4，并未检测到其他可能生成的产物（如 $HCOOH$、$HCHO$ 和 $CH3OH$ 等）。三组空白实验（无光照、无催化剂和用 N_2 代替 CO_2）的结果显示，产物中并没有 CH_4 或其他有机物生成。由此推断，所得产物 CH_4 是 CO_2 催化还原的结果，而不是其他来源，光催化还原 CO_2 的反应是在光和催化剂的共同驱动下发生的。纯 g - C_3N_4 纳米片和 $BiVO_4$ 的产率较低，反应 8h 后分别为 7.47 和 3.65 $\mu mol g^{-1}$。复合催化剂的催化活性显著增加。其中，40 - CNBV 显示出最高的光催化活性（反应 8h 后 14.58 $\mu mol g^{-1}$），分别约为纯 g - C_3N_4 纳米片和 $BiVO_4$ 的 2 倍和 4 倍，这主要是由于复合体系中光生载流子的复合得到了显著抑制，这与荧光发射谱和光电流响应的结果一致，即光生电子 - 空穴的分离效率是影响光催化活性的关键因素。

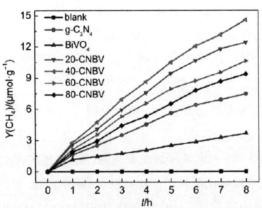

图 3-29 g - C_3N_4 纳米片、$BiVO_4$ 和 g - C_3N_4/$BiVO_4$ 复合催化剂
的可见光催化生成甲烷的产率

g-C₃N₄/BiVO₄复合光催化剂光催化还原 CO_2 的机理如图3-30所示。g-C₃N₄纳米片和 $BiVO_4$ 均能在可见光激发下,电子(e)从价带跃迁到导带,同时在价带生成空穴(h^+)。由于 g-C₃N₄ 的导带比 $BiVO_4$ 的导带更负,光生电子从 g-C₃N₄ 的导带迁移到 $BiVO_4$ 的导带。同时,$BiVO_4$ 的价带比 g-C₃N₄ 的价带更正,空穴从 $BiVO_4$ 的价带转移到 g-C₃N₄ 的价带,从而实现光生电子和空穴的有效分离,有利于催化反应的发生。因为 $BiVO_4$ 的导带比 CO_2/CH_4 的还原电势[$E = -0.24V$(vsSHE)]更负,电子能将吸附在催化剂表面的 CO_2 还原为 CH_4($CO_2 + 8e + 8H^+ \rightarrow CH_4 + 2H_2O$),同时,g-C₃N₄价带上的空穴则与 H_2O 反应生成 O_2[$H_2O \rightarrow 1/2O_2 + 2H^+ + 2e$,$E = 0.82V$(vsSHE)]。因此,g-C₃N₄纳米片和 $BiVO_4$ 的能级匹配,能有效分离光生电子和空穴,所以,复合光催化剂显示出高于纯相 g-C₃N₄ 和 $BiVO_4$ 的光催化活性。

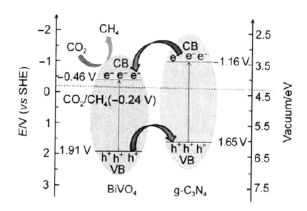

图3-30　g-C₃N₄/BiVO₄光催化还原 CO_2 反应机理示意图

采用超声分散法制备了 g-C₃N₄/BiVO₄复合光催化剂,并将其用于光催化还原 CO_2 的研究。表征结果表明 g-C₃N₄纳米片包覆于 $BiVO_4$ 表面且紧密结合,而不是两者简单的物理混合。催化结果显示,所得催化剂光催化还原 CO_2 的主要产物均为 CH_4,且 g-C₃N₄/BiVO₄复合催化剂的光催化活性明显高于纯 g-C₃N₄纳米片和 $BiVO_4$。其中,40-CNBV 的复合催化剂的催化活性最高,分别是 g-C₃N₄ 和 $BiVO_4$ 的2倍和4倍。催化活性的增加主要是由于 g-C₃N₄ 和 $BiVO_4$ 的能级匹配,能有效分离光生电子和空穴。

§3.11　Fe/g – C₃N₄ 复合催化剂产氢活性[65]

在光催化的过程中,pH 通常会影响光敏剂的激发态性质,从而进一步影响光敏剂和催化剂之间的电子转移[66],因此我们首先考察了 pH 值对体系催化活性的影响。何平等[65]对 pH 值从 $0.5 \sim 13$ 范围内的催化体系进行实验(图 3 – 31),发现最佳的产氢 pH 值是 11。根据他们先前的报道[67],Fe^{3+} 是原位光催化还原生成 Fe 纳米粒子的前躯体,Fe^{3+} 的浓度会影响整个催化体系的产氢速率,何平等[65]在 Fe^{3+} 的浓度为 $0 \sim 7.5 \times 10^{-2}$ mg/mL 范围内(图 3 – 32)发现,随着加入到体系中 Fe^{3+} 浓度的增加,产氢的速率和量都有明显提高,当继续增加 Fe^{3+} 浓度至 40×10^{-2} mg/mL 时,产氢速率和产氢量都会降低,这可能是由于 Fe^{3+} 原位光还原至 Fe 纳米粒子的过程中消耗了过多的牺牲剂 TEOA,使得接下来的光催化产氢过程中牺牲剂减少。g – C₃N₄ 在该催化体系中主要起到分散 Fe 纳米粒子的作用,如图 3 – 33 所示,在 $0 \sim$ 0.3mg/mL 范围内,随着 g – C₃N₄量的增加,体系产氢速率和产氢量都有明显增加,当再增加 g – C₃N₄量的时候,产氢的速率则开始下降,这可能是由于大量的 g – C₃N₄阻碍了荧光素的光吸收,不利于后续的产氢反应。

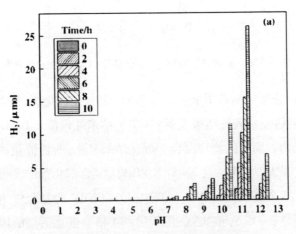

图 3 – 31　pH 对催化体系产氢活性的影响

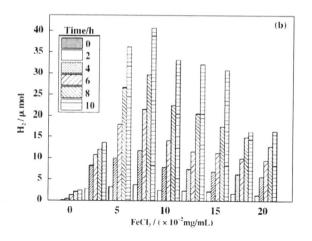

图3-32 Fe^{3+}的浓度对催化体系产氢活性的影响

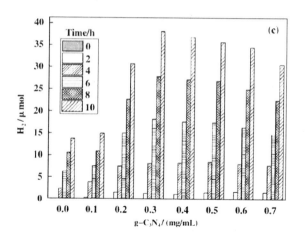

图3-33 g-C$_3$N$_4$的含量对催化体系产氢活性的影响

荧光素(Fl)在Fe^{3+}原位光还原成Fe纳米粒子的过程以及后续的光催化产氢的过程中均充当光敏剂的角色,如图3-34所示,在整个20h的光照过程中,Fl为1mg/mL时体系产氢的速率和量都大于其他浓度的体系。增加光敏剂的浓度一般可以增加体系的吸光效果,促进催化效率的提高,而当光敏剂浓度增加到一定程度时,再增加浓度反而会降低体系的吸光度,光敏剂分子之间发生碰撞猝灭,从而降低了产氢的效率。最终的优化条件是:

1mg/mL 荧光素,0. 3mg/mLg – C_3N_4,0. 075mg/mLFeCl$_3$,TEOA 和 H_2O 体积比为 1:9,pH 值为 11。

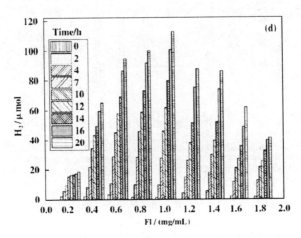

图 3 – 34　荧光素浓度对催化体系产氢活性的影响

　　他们在上述优化条件下进行了控制实验(图 3 – 35)。光照 24h,当体系中没有牺牲剂 TEOA 或者没有荧光素时,几乎检测不到氢气的产生,这说明牺牲剂 TEOA 是产氢的必要条件,同时也说明 g – C_3N_4 被光激发形成的导带电子能量不能够完成 Fe^{3+} 还原成 Fe 纳米粒子这一过程,而 g – C_3N_4 自身可能由于产氢量太少而没被检测到。当体系中没有 Fe^{3+} 时,24h 内的平均产氢速率仅为 0. 22μmol · h^{-1},这主要是由于没有助催化剂的存在,g – C_3N_4 导带上的电子不能够被及时转移。当体系中没有 g – C_3N_4 时,24h 内的平均产氢速率为 1. 28μmol · h^{-1},而当 Fe^{3+}、荧光素 Fl、g – C_3N_4、TEOA 同时存在时,该体系在 24h 内的平均产氢速率为 5. 97μmol · h^{-1},是没有 Fe^{3+} 存在时的 27 倍,是没有 g – C_3N_4 存在时的 4. 7 倍,这说明原位光还原生成的 Fe/g – C_3N_4 复合催化剂具有很好的催化产氢活性。

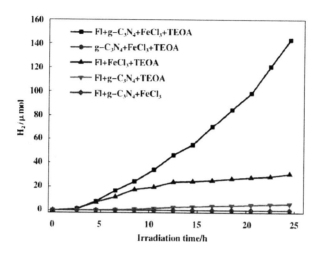

图3-35 产氢控制实验(优化条件下)

他们进一步考察了在最优条件下催化体系的稳定性(图3-36)。他们发现最开始的2h产氢速率较之后的要低,这是因为前2h内需要完成Fe^{3+}原位光还原成Fe纳米粒子这一过程,这也符合他们之前的研究[68]。经过四轮循环实验,该催化体系的产氢速率并没有发生明显的下降,这说明该催化体系具有较好的稳定性。

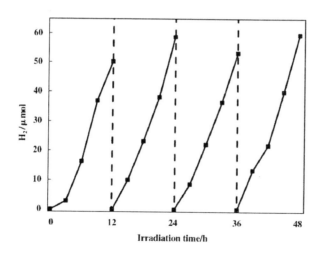

图3-36 催化剂稳定性测试

通过控制实验以及结合他们之前的研究,他们提出了如图 3 – 37 所示的光催化产氢机理。首先荧光素(Fl)吸收可见光后形成激发态 $Fl^{*[69]}$(过程 1),反应体系中的 Fe^{3+} 被原位光催化还原为 Fe 纳米粒子负载在 $g – C_3N_4$ 上,Fl^* 转移电子给 $g – C_3N_4$ 的导带[70],自身被氧化为 Fl^+(过程 2),$g – C_3N_4$ 上的电子再传递给 Fe 纳米粒子(过程 3),然后电子与质子结合形成 H_2。同时,氧化态的荧光素(Fl^+)获得 TEOA 提供的电子返回基态(过程 4),从而形成一个完整的水还原产氢的过程。另外,$g – C_3N_4$ 也能被激发形成电子空穴对,价带电子直接转移给 Fe 纳米粒子产生氢气(过程 5),导带空穴被 TEOA 猝灭。

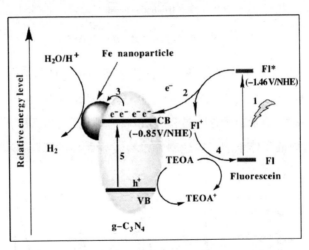

图 3 – 37 可见光催化 $Fe/g – C_3N_4$ 催化剂产氢的机理

何平等成功地利用可见光将廉价的 Fe^{3+} 原位还原成 Fe 纳米粒子负载在 $g – C_3N_4$ 上,形成 $Fe/g – C_3N_4$ 复合催化剂。以荧光素作为光敏剂,三乙醇胺(TEOA)作为牺牲剂,以 $Fe/g – C_3N_4$ 为催化剂,催化产氢效率在 24h 内达到 $5.97\mu molh^{-1}$,是没有 Fe^{3+} 存在催化体系效率的 27 倍,且光照 48h 后,催化效率没有明显降低,说明该催化体系具有很好的稳定性。

§3.12 $K^+/g-C_3N_4$ 复合催化剂活性[71]

目前,由于能源和环境危机的日益严重,寻找新的清洁能源变得越来越紧迫。太阳能是无污染的可再生能源,以太阳能代替传统化石能源是解决目前能源与环境危机的最佳方案之一。然而,较低的能量转换效率大大限制了太阳能的实际应用。最近,非金属石墨相氮化碳($g-C_3N_4$)作为可见光光催化剂在光解水制氢气[72]、降解有机物[73]及有机合成[74]等方面被证实有巨大的应用前景。这归功于其适中的带隙宽度、优越的化学和热稳定性以及独特的电子性质。然而,$g-C_3N_4$ 有一个明显的缺点,那就是光生载流子寿命短、易复合,导致量子效率较低[75,76]。发展 $g-C_3N_4$ 基异质结光催化剂是解决量子效率问题的有效途径之一。光生电荷能通过异质结实现快速有效的转移,对提高光催化性能有显著影响。众所周知,两种半导体催化剂的能级匹配是形成异质结的关键所在。因此,如能实现 $g-C_3N_4$ 的能级可控合成,将对两半导体间的能级匹配及异质结的形成起到事半功倍的作用。掺杂是实现能级调控的最为简单有效的方法之一。掺杂后,掺杂剂的原子轨道与 $g-C_3N_4$ 原有的分子轨道发生轨道杂化,引起电子结构的改变,进而导致 $g-C_3N_4$ 价带与导带能级位置的变化。由于活泼的化学性质,碱金属被广泛地应用于催化反应中,例如酯交换反应、丙烯环氧化、N_2O 还原、甲苯氧化等[77-80]。然而,碱金属的引入对光催化性能的促进作用却很少有人报道[81,82]。Grzechulska 等[81]制备了一系列碱金属改性的 TiO_2 催化剂,并用于光催化降解有机物反应。结果表明碱金属的引入提高了催化性能,活性顺序为:$TiO_2/KOH > TiO_2/Ca(OH)_2 > TiO_2/Ba(OH)_2 > TiO_2$(锐钛矿)。Chen 等[82]采用溶胶-凝胶法制备了 K^+ 掺杂的 TiO_2 催化剂,结果表明,焙烧过程导致形成 $K_{4-4x}Ti_xO_2$,其中 x 对光催化性能有显著影响。此外,K^+ 掺杂提高了界面电荷转移能力及催化剂对反应底物的吸附能力。

3.12.1　$K^+/g-C_3N_4$复合催化剂活性

光催化活性评价 $g-C_3N_4$ 和 $K(x)-CN$ 系列催化剂在可见光下对罗丹明 B 的降解反应结果如图 3-38(a)所示。光照之前,$K(x)-CN$ 系列催化剂对罗丹明 B 的吸附能力明显强于 $g-C_3N_4$。这可能是由于 $K(x)-CN$ 系列催化剂具有较大比表面积导致的。光照后,$g-C_3N_4$ 在 120min 内对 RhB 的降解率为 18%。K^+ 掺杂后,$K(0.02)-CN$、$K(0.05)-CN$、$K(0.07)-CN$ 和 $K(0.09)-CN$ 在 120min 内的降解率分别提高到 57%、70.6%、69% 和 32%。这可能是由于 K^+ 掺杂后提高了催化剂的比表面积,降低了带隙能,并且有效抑制了光生电子-空穴的复合。$K(0.05)-CN$ 表现出最佳的活性,当 K^+ 含量大于 $0.05mol \cdot L^{-1}$ 时,催化剂活性显著降低,说明 K^+ 含量对催化剂光催化性能有显著影响。理论上讲,$g-C_3N_4$ 的导带(CB)和 VB 的能级分别位于 -1.12 和 +1.57V,OH/OH^- 和 $O_2/O_2^{-\cdot}$ 的氧化还原电位分别为 +1.99V 和 -0.33V[83,84]。$g-C_3N_4$ 的 CB 比 $O_2/O_2^{-\cdot}$ 的氧化还原电位更负,因此导带电子 e-CB 可以将 O_2 还原成 $O_2^{-\cdot}$。然而 $g-C_3N_4$ 的 VB 电位高于 OH/OH^- 的氧化还原电位,价带空穴(h_{VB}^+)不能将 OH^- 氧化为 OH,因此反应体系的活性物种应该是 $O_2^{-\cdot}$。对于 $K(0.05)-CN$ 体系,其 CB 和 VB 的能级位置发生了显著变化(-0.53 和 +2.04V),$g-C_3N_4$ 的 VB 电位低于 OH/OH^- 的氧化还原电位。因此,$K(0.05)-CN$ 体系中的活性物种为 $O_2^{-\cdot}$ 和 OH,使其光催化性能显著提高。而 $K(0.09)-CN$ 体系的 CB 和 VB 的能级位置分别位于 -0.31 和 +2.21V,其 CB 能级低于 $O_2/O_2^{-\cdot}$ 的氧化还原电位,因此该体系不能生成 $O_2^{-\cdot}$ 物种,因此其光催化活性明显降低。通常情况下,光降解反应遵循一级反应动力学,动力学方程为:$-\ln(C/C_0)=kt$,其中 C 和 C_0 分别代表任意时刻和初始时刻罗丹明 B 的浓度,由直线的斜率可得到速率常数 k[85]。如图 3-38(a)所示,$g-C_3N_4$ 的速率常数 k 为 $0.0017min^{-1}$。K^+ 掺杂后,$K(0.02)-CN$、$K(0.05)-CN$、$K(0.07)-CN$ 和 $K(0.09)-CN$ 的速率常数 k 分别提高到 0.0074、0.0110、0.0100 和

0.0037min^{-1}。K(0.05) – CN 表现出最大的速率常数,是 g – C_3N_4 的 6.4 倍。如图 3 – 38(b)所示,g – C_3N_4/KOH 和 OH(0.05) – CN 的光催化性能与 g – C_3N_4 相比没有明显区别,进一步证实了上述表征结果所得出的结论。

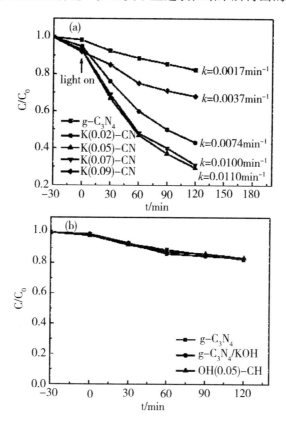

图 3 – 38 制备催化剂在可见光下的光催化性能

3.12.2 K$^+$/g – C$_3$N$_4$复合催化剂稳定性评价

K(0.05) – CN 的催化稳定性评价结果如图 3 – 39 所示。催化剂在三次循环使用后,活性没有明显的降低,说明 K(0.05) – CN 具有优越的催化稳定性。此外,ICP 结果显示,重复使用三次后,K(0.05) – CN 中 K 的含量为 1.33%(质量分数),与新鲜催化剂中 K 含量相近(1.35%)。为了对比,对

g-C₃N₄/KOH 催化剂反应后的 K 含量也做了测试。ICP 结果显示,反应后 K 含量为 0.44%,大大低于新鲜催化剂的 K 含量(1.39%)。这可能是由于部分 KOH 溶于反应溶液中导致的。为了证实这一结论,他们采用 pH 计测试了反应后罗丹明 B 溶液的 pH 值。结果显示,K(0.05)-CN 体系反应液的 pH 值为 7.17,几乎为中性。而 g-C₃N₄/KOH 体系反应液的 pH 值为 9.25,呈明显的弱碱性。因此可以得出结论,制备的 K(x)-CN 系列催化剂在结构上和催化性能上都具有优越的稳定性。

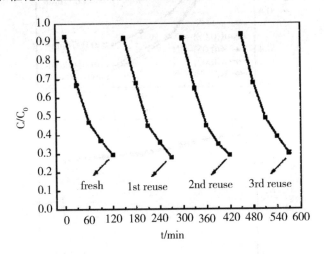

图 3-39 K(0.05)-CN 催化剂光催化稳定性

以双氰胺和氢氧化钾为原料制备了能带可控的钾离子掺杂 g-C₃N₄光催化剂。钾离子的引入抑制了氮化碳晶粒的生长,提高了氮化碳的比表面积及对可见光的吸收,降低了光生电子-空穴对的复合概率。钾离子含量对氮化碳催化剂的价带及导带位置有显著影响。钾离子掺杂后,g-C₃N₄催化剂在可见光下对染料罗丹明 B 的降解性能显著提高。K(0.05)-CN 表现出最大的速率常数,是 g-C₃N₄的 6.4 倍。K(x)-CN 系列催化剂在结构上和催化性能上都具有优越的稳定性。不仅如此,K(x)-CN 系列催化剂具有可调变的能带结构,能与具有不同能级位置的多种半导体形成异质结催化剂,可以满足不同应用的需求。

参考文献

[1] 崔玉民,张文保,苗慧,等. g - C₃N₄/TiO₂复合光催化剂的制备及其性能研究[J]. 应用化工,2014,43(8):1396 - 1398.

[2] Cao J,Xu B Y,Lin H L,et al. Novel heterostructured Bi₂S₃/BiOI photocatalyst:Facile preparation,characterization and visible light photocatalytic performance[J]. Dalton Transactions,2012,41(6):11482 - 11490.

[3] Huiquan Li,Yumin Cui*,Wenshan Hong. High photocatalytic performance of BiOI/Bi₂WO₆ toward toluene and Reactive Brilliant Red. Applied Surface Science,2013,264:581 - 588.

[4] Cao J,Xu B Y,Lin H L,et al. Chemical etching preparation of BiOI/BiOBr heterostructures with enhanced photocatalytic properties for organic dye removal[J]. Chemical Engineering Journal,2012,185/186(4):91 - 98.

[5] 张文保,崔玉民,李慧泉,等. Bi₂O₃/g - C₃N₄复合催化剂的制备及其性能研究[J]. 阜阳师范学院学报(自然科学版),2015,32(1):29 - 34.

[6] Liu G M,Zhao J C,Hidaka H. ESR spin - trapping detection of radical intermediates in the TiO₂ - assisted photo - oxidation of sulforhodamine B under visible irradiation[J]. Journal of Photochemistry and Photobiology A:Chemistry,2000,133(1/2):83 - 88.

[7] Liu G M,Li X Z,Zhao J C. Photooxidation mechanism of dye alizarin red in TiO₂ dispersions under visibleillumination:an experimental and theoretical examination[J]. Journal of Molecular Catalysis A:Chemical,2000,153(1/2):221 - 229.

[8] 崔玉民,师瑞娟,李慧泉,等. 催化剂 SiO₂/CNI 的制备及其在光解水制氢领域中的应用[J]. 发光学报,2016,37(1):7 - 12.

[9] 崔玉民,朱良俊,肖依,等. SiO₂/g - C₃N₄复合光催化剂的制备及性能[J]. 环境污染与防治网络版,2016,(6):1 - 9.

[10] JIANG J,ZHANG X,SUN P B,et al. ZnO/BiOI heterostructures:photoinduced charge - transfer property and enhanced visible - light photocatalytic

activity[J]. J. Phys. Chem. C,2011,115:20555 - 20564.

[11]ANDRE F,CUSACK P A,MONK A W,et al. The effect of zinc hydrox-ystannate and zinc stannate on the fire properties of polyester resins containing additive - type halogenated flame retaredants[J]. Polym Degrad Stab,1993,40: 267 - 273.

[12]FU X L, WANG X X, DING Z X, et al. Hydroxide ZnSn(OH)$_6$:a promising new photocatalyst forbenzene degradation[J]. Appl. Catal B:Environ. , 2009,91:67 - 72.

[13]崔玉民,朱良俊,李慧泉,等. 异质结光催化剂 SnS$_2$/g - C$_3$N$_4$ 的光催化性能研究[J].环境污染与防治网络版,2016,(9):1 - 7.

[14]Li Huiquan, Liu Yuxing, Cui Yumin, et al. Facile synthesis and en-hanced visible - light photoactivity of DyVO$_4$/g - C$_3$N$_4$ I composite semiconduc-tors[J]. Applied Catalysis B:Environmental,2016,183:426 - 432.

[15]G. T. Li, K. H. Wong, X. Zhang, C. Hu, J. C. Yu, R. C. Chan, P. K. Wong, Chemosphere,2009,76:1185 - 1191.

[16]L. S. Zhang, K. H. Wong, H. Y. Yip, C. Hu, J. C. Yu, C. Y. Chan, P. K. Wong,Environ. Sci. Technol. ,2010,44:1392 - 1398.

[17]M. C. Yin,Z. S. Li,J. H. Kou,Z. G. Zou,Environ. Sci. Technol. ,2009, 43:8361 - 8366.

[18]J. S. Zhang,Y. Chen,X. C. Wang,Energy Environ. Sci. ,2015,8:3092 - 3108.

[19]J. S. Zhang, M. W. Zhang, R. Q. Sun, X. C. Wang, Angew. Chem. Int. Ed. , 2012,51:10145 - 10149.

[20]L. K. Randeniya,A. Bendavid,P. J. Martin,E. W. Preston,J. Phys. Chem. C, 2007,111:18334 - 18340.

[21]A. I. Kontos, V. Likodimos, T. Stergiopoulos, D. S. Tsoukleris, P. Falaras, Chem. Mater. ,2009,21:662 - 672.

[22]X. Wang, Q. Xu, M. R. Li, S. Shen, X. L. Wang, Y. C. Wang, Z. C. Feng,

J. Y. Shi, H. X. Han, C. Li, Angew. Chem. Int. Ed. ,2012,51:1-5.

[23] G. G. Zhang, M. W. Zhang, X. X. Ye, X. Q. Qiu, S. Lin, X. C. Wang, Adv. Mater. ,2014,26:805-809.

[24] H. Q. Li, Y. X. Liu, X. Gao, C. Fu, X. C. Wang, Chem Sus Chem,2015, 8:1189-1196.

[25] Y. M. He, J. Cai, T. T. Li, Y. Wu, Y. M. Yi, M. F. Luo, L. H. Zhao, Ind. Eng. Chem. Res. ,2012,51:14729-14737.

[26] J. Fu, B. B. Chang, Y. L. Tian, F. N. Xi, X. P. Dong, J. Mater. Chem. A, 2013,1:3083-3090.

[27] 桂明生,王鹏飞,袁东,等. $Bi_2WO_6/g-C_3N_4$ 复合型催化剂的制备及其可见光光催化性能[J]. 无机化学学报,2013,29(10):2057-2064.

[28] Kroll P, Hoffmann R. J. Am. Chem. Soc. , 1999, 121 (19):4696-4703.

[29] Wang Y J, Bai X J, Pan C, et al. J. Mater. Chem. ,2012,22(23): 11568-11573.

[30] Li X N, Huang R K, Hu Y H, et al. Chen, Inorg. Chem. ,2012,51 (11):6245-6250.

[31] Ge L, Zuo F, Liu J K, et al. J. Phys. Chem. C,2012,116(25):13708-13714.

[32] Dong G H, Zhang L Z. J. Phys. Chem. C,2013,117(8):4062-4068.

[33] 黄艳,傅敏,贺涛,等. $g-C_3N_4/BiVO_4$ 复合催化剂的制备及应用于光催化还原 CO_2 的性能[J]. 物理化学学报,2015,31(6),1145-1152.

[34] Inoue, T. ; Fujishima, A. ; Konishi, S. ; Honda, K. Nature 1979, 277,637.

[35] Yaghoubi, H. ; Li, Z. ; Chen, Y. ; Ngo, H. T. ; Bhethanabotla, V. R. ; Joseph, B. ; Ma, S. Q. ; Schlaf, R. ; Takshi, A. ACS Catal. 2015,5,327.

[36] Fujiwara, H. ; Hosokawa, H. ; Murakoshi, K. ; Wada, Y. ; Yanagida, S. Langmuir 1998,14,5154.

[37] Zhou, Y. ; Tian, Z. P. ; Zhao, Z. Y. ; Liu, Q. ; Kou, J. H. ; Chen, X. Y. ; Gao, J. ; Yan, S. C. ; Zou, Z. G. ACS Appl. Mater. Inter. 2011, 3, 3594.

[38] Wang, Z. Y. ; Chou, H. C. ; Wu, J. C. S. ; Tsai, D. P. ; Mul, G. Appl. Catal. A 2010, 380, 172.

[39] Yan, S. C. ; Ouyang, S. X. ; Gao, J. ; Yang, M. ; Feng, J. Y. ; Fan X. X. ; Wan, L. J. ; Li, Z. S. ; Ye, J. H. ; Zhou, Y. ; Zou, Z. G. Angew Chem. Int. Edit. 2010, 122, 6544.

[40] Yui, T. ; Kan, A. ; Saitoh, C. ; Koike, K. ; Ibusuki, T. ; Ishitani, O. ACS Appl. Mater. Inter. 2011, 3, 2594.

[41] Zhao, Z. H. ; Fan, J. M. ; Wang, J. Y. ; Li, R. F. Catal. Commun. 2012, 21, 32.

[42] Truong, Q. D. ; Liu, J. Y. ; Chung, C. C. ; Ling, Y. C. Catal. Commun. 2012, 19, 85.

[43] Hensel, J. ; Wang, G. M. ; Li, Y. ; Zhang, J. Z. Nano Lett. 2010, 10, 478.

[44] Xiang, Q. J. ; Yu, J. G. ; Jaroniec, M. J. Am. Chem. Soc. 2012, 134, 6575.

[45] Wang, X. C. ; Maeda, K. ; Thomas, A. ; Takanabe, K. ; Xin, G. ; Carlsson, J. M. ; Domen, K. ; Antonietti, M. Nat. Mater. 2009, 8, 76.

[46] Maeda, K. ; Kuriki, R. ; Zhang, M. W. ; Wang, X. C. ; Ishitani, O. J. Mater. Chem. A 2014, 2, 15146.

[47] Bai, S. ; Wang, X. J. ; Hu, C. Y. ; Xie, M. L. ; Jiang, J. ; Xiong, Y. J. Chem. Commun. 2014, 50, 6094.

[48] Zhang, W. D. ; Sun, Y. J. ; Dong, F. ; Zhang, W. ; Duan, S. ; Zhang, Q. Dalton. Trans. 2014, 43, 12026.

[49] Hu, M. ; Reboul, J. ; Furukawa, S. ; Radhakrishnan, L. ; Zhang, Y. J. ; Srinivasu, P. ; Iwai, H. ; Wang, H. J. ; Nemoto, Y. ; Suzuki, N. ; Kitagawa, S. ; Yamauchi, Y. Chem. Commun. 2011, 47, 8124.

[50] Yan, S. C. ; Li, Z. S. ; Zou, Z. G. Langmuir 2009, 25, 10397.

[51] Niu, P. ; Zhang, L. L. ; Liu, G. ; Cheng, H. M. Adv. Funct. Mater. 2012,

22,4763.

[52]Zhang,X. D.;Wang,H. X.;Wang,H.;Zhang,Q.;Xie,J. F.;Tian, Y. P.;Wang,J.;Xie,Y. Adv. Mater. 2014,26,4438.

[53]蓝奔月,史海峰.物理化学学报,2014,30,2177.

[54]Shi,H. F.;Chen,G. Q.;Zhang,C. L.;Zou,Z. G. ACS Catal. 2014, 4,3637.

[55]Ye,Y. M.;Zhang,L. H.;Teng,B. T.;Fan,M. H. Environ. Sci. Tech. 2015, 49,649.

[56]Kudo,A.;Ueda,K.;Kato,H.;Mikami,I. Catal. Lett. 1998,53,229.

[57]Sun,Y. F.;Wu,C. Z.;Long,R.;Cui,Y.;Zhang,S. D.;Xie, Y. Chem. Commun. 2009,4542.

[58]Ke,D. N.;Peng,T. Y.;Ma,L.;Cai,P.;Dai,K. Inorg. Chem. 2009, 48,4685.

[59]Zhang,L.;Chen,D. R.;Jiao,X. L. J. Phys. Chem. B 2006,110,2668.

[60]Wang,Z. Q.;Luo,W. J.;Yan,S. C.;Feng,J. Y.;Zhao,Z. Y.;Zhu, Y. S.;Li,Z. S.;Zou,Z. G. CrystEngComm 2011,13,2500.

[61]Mao,J.;Peng,T. Y.;Zhang,X. H.;Li,K.;Zan,L. Catal. Commun. 2012, 28,38.

[62]Zhang,A. P.;Zhang,J. Z. J. Alloy. Compd. 2010,491,631.

[63]Liu,K. J.;Chang,Z. D.;Li,W. J.;Che,P.;Zhou,H. L. Sci. China Chem. 2012,55,1770.

[64]Cao,F. P.;Ding,C. H.;Liu,K. C.;Kang,B. Y.;Liu,W. M. Cryst. Res. Technol. 2014,49,933.

[65]何平,陈勇,傅文甫.可见光驱动制备Fe/g-C3N4复合催化剂及 其产氢研究[J].分子催化,2016,30(3):269-275.

[66]ChenX,Shen S,Samuel S M,et al. Semiconductor-based photocatalytic hydrogen generation[J]. Chem Rev,2010,110(11):6503-6570.

[67]Li X G,Wu C Z,Xie Y,et al. Single-atom Pt as co-catalyst for en-

hanced photocatalytic H_2 evolution[J]. Adv Mater,2016,28(12):2427 – 2431.

[68]Zhang G G,Lan Z A,Wang X C,et al. Overall water splitting by Pt/g – C_3N_4 photocatalysts without using sacrificial agent[J]. Chem Sci,2016,Accepted Manu – script.

[69]Han Z,McNamara W R,Eisenberg R,et al. A nickel thiolate catalyst for the long – lived photocatalytic production of hydrogen in a noble – metal – free system [J]. Angew Chem Int Ed,2012,51(7):1667 – 1670.

[70]Polymeric carbon nitrides:Semiconducting properties and emerging applications in photocatalysis and photoelectrochemical energy conversion [J]. Sci Adv Mater,2012,4(2):282 – 291.

[71]张 健,王彦娟,胡绍争. 钾离子掺杂对石墨型氮化碳光催化剂能带结构及光催化性能的影响[J]. 物理化学学报,2015,31(1),159 – 165.

[72] Zhang, J. S. ; Zhang, G. G. ; Chen, X. F. ; Lin, S. ; M hlmann, L. ; Lipner, G. ; Antonietti, M. ; Blechert, S. ; Wang, X. C. Angew. Chem. Int. Edit. 2012,51,3183.

[73] Bu, Y. Y. ; Chen, Z. Y. ; Li, W. B. Appl. Catal. B:Environ. 2014,144, 622.

[74] Xu, J. ; Wu, H. T. ; Wang, X. ; Xue, B. ; Li, Y. X. ; Cao, Y. Phys. Chem. Chem. Phys. 2013,15,4510.

[75] Sridharan, K. ; Jang, E. ; Park, T. J. Appl. Catal. B:Environ. 2013, 142 – 143,718.

[76]Niu,P. ;Zhang,L. ;Liu,G. ;Cheng,H. Adv. Funct. Mater. 2012,22,4763.

[77] Salinas, D. ; Araya, P. ; Guerrero, S. Appl. Catal. B:Environ. 2012, 117 – 118,260.

[78]Chu,H. ;Yang,L. J. ;Zhang,Q. H. ;Wang,Y. J. Catal. 2006,241,225.

[79]Pekridis,G. ;Kaklidis,N. ;Konsolakis,M. ;Athanasiou,C. ;Yentekakis,I. V. ;Marnellos,G. E. Solid State Ionics 2011,192,653.

[80]Qu,Z. P. ;Bu,Y. B. ;Qin,Y. ;Wang,Y. ;Fu,Q. Chem. Eng. J. 2012,

209,163.

[81] Grzechulska, J. ; Hamerski, M. ; Morawski, A. W. Water Res. 2000, 34,1638.

[82] Chen, L. C. ; Huang, M. ; Tsai, F. R. J. Mol. Catal. A：Chem. 2007, 265,133.

[83] Wang,X. C. ;Maeda,K. ;Thomas,A. ;Takanabe,K. ;Xin,G. ;Domen, K. ;Antonietti,M. Nat. Mater. ,2009,8,76.

[84] Liu, G. ; Niu, P. ; Yin, L. C. ; Cheng, H. M. J. Am. Chem. Soc. 2012, 134,9070.

[85] Li, X. Y. ; Wang, D. S. ; Cheng, G. X. ; Luo, Q. Z. ; An, J. ; Wang, Y. H. Appl. Catal. B：Environ. 2008,81,267.

第 4 章

氮化碳光催化材料表征

§4.1　g-C$_3$N$_4$/TiO$_2$复合光催化剂表征[1]

4.1.1　g-C$_3$N$_4$/TiO$_2$复合光催化剂表征仪器

MDX1000 荧光光谱仪;BL-GHX-V 型光化学反应仪;TG20M 型台式高速离心机;TU-1901 紫外-可见分光光度计;PLS-SXE300/300UV 型氙灯模拟日光灯;UV3000 型分光检测器。

4.1.2　g-C$_3$N$_4$/TiO$_2$复合光催化剂表征

催化剂的液相荧光性能表征。准确称取 3% 催化剂粉末 0.05g 于石英管中,编号为 1、2,分别加入 40mL 浓度为 10mg/L 的甲基橙溶液,再加入 10mL 氢氧化钠和对苯二甲酸混合溶液作为荧光探针物质,最后放入一个小磁子。把石英管放入光化学反应仪中,在持续搅拌下,暗处理 30min,取样离心,以波长为 312nm 的激光器为光源,分别测定其荧光性能。打开 300W 汞灯光源,进行紫外光照降解,每 15min 取样一次,离心,以波长为 312nm 的激光器为光源,分别测定其荧光性能,结果如图 4-1 所示。

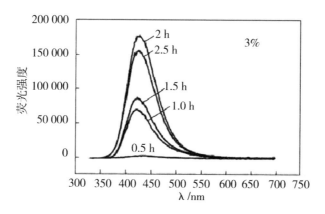

图4-1　g-C₃N₄/TiO₂光催化降解甲基橙液相荧光图

由图4-1可知,光催化剂 g-C₃N₄/TiO₂ 光催化降解体系经过紫外光的持续照射后,对苯二甲酸溶液体系大约在426nm处的荧光强度随光照时间的增加而逐渐增强。g-C₃N₄/TiO₂ 光催化体系中荧光产物的产生,是由于光生羟基自由基(·OH)和对苯二甲酸反应,生成2-羟基对苯甲酸的结果。同时,荧光强度的增强意味着光催化体系中产生了更多的羟基自由基,羟基自由基是光催化氧化中的重要物种。

§4.2　g-C₃N₄/Bi₂O₃复合光催化剂表征[2]

4.2.1　g-C₃N₄/Bi₂O₃催化剂的液相紫外-可见光光谱表征

首先打开仪器,进行自检。然后进行基线校正(两个都放水参比),从测量中,进行参数设置,设置好后,进行基线校正。待基线校正好后,分别放入待测液④、⑥、⑦,选择时间扫描,然后进行参数设置,开始测量。

图4-2是催化剂样品在紫外光照射下光催化降解甲基橙的 UV-Vis 谱随时间的变化图。其结果显示,同样的反应条件,④样品的降解程度比⑥、⑦都要大,而样品⑦的降解程度比⑥要大些。由于没有新的峰出现,吸

光度数值的减小主要是因为光催化降解反应[1]。

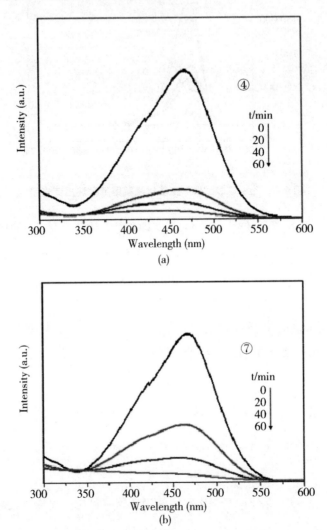

(a)

(b)

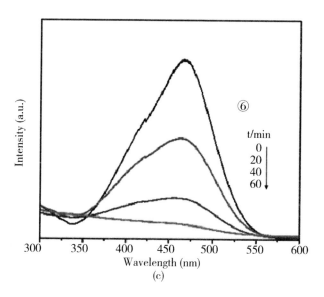

图 4 - 2　在紫外光照射下纯 Bi_2O_3（⑥）、$g - C_3N_4$（⑦）和 $Bi_2O_3/g - C_3N_4$
（④）样品光催化降解甲基的 UV - Vis 谱随时间的变化

4. 2. 2　$g - C_3N_4/Bi_2O_3$催化剂的光致发光光谱表征

取少量④$0.2gBi_2O_3 + 0.8gg - C_3N_4$、⑥$1.0gBi_2O_3$、⑦$1.0gg - C_3N_4$催化剂
样品（粉末），利用荧光光谱仪测试各种催化剂样品的光致发光性能。

图 4 - 3 显示了⑥$1.0gBi_2O_3$、⑦$1.0gg - C_3N_4$和④$0.2gBi_2O_3 + 0.8gg -$
C_3N_4催化剂在室温下 300nm 激发的 PL 光谱图。光致发光光谱（PL）是研究
半导体纳米材料电子结构和光学性能的有效方法。能够揭示半导体纳米材
料的表面缺陷和表面氧空位等结构特性以及光生载流子（电子 - 空穴对）的
分离与复合等信息，从而为开发和制备高性能的半导体功能材料提供了有
力依据。

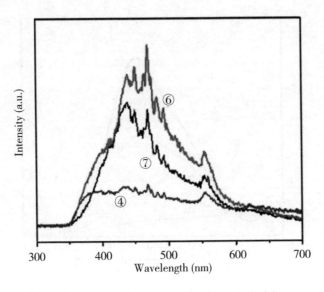

图4-3 催化剂光致发光光谱(300nm 激发波长)

由图4-3可以看出,在波长为400~550nm 范围内⑦1.0gg~C_3N_4催化剂样品(粉体)表现出既强又宽的发光信号,且在约430nm、450nm 和490nm 处也有出现明显的信号峰。⑥1.0gBi_2O_3型催化剂样品(粉体)在波长为400~500nm 范围内也表现出较强的发光信号,在430nm、450nm 和490nm 处出现了较为明显的信号峰。对于④0.2gBi_2O_3 + 0.8gg - C_3N_4型催化剂样品(粉体)而言,在波长为400~500nm 范围内,并没有较为明显的信号峰出现,同样在560nm 处出现的信号峰也很弱。一般认为,荧光信号越强,光生载流子(电子-空穴对)的复合概率越高,光催化活性越低。就这一点而言,催化剂的活性次序是④0.2gBi_2O_3 + 0.8gg - C_3N_4型催化剂活性最强,⑦1.0gg - C_3N_4型催化剂次之,以⑥1.0gBi_2O_3催化剂的活性为最低,这与实验测得的催化剂活性次序相符合。

4.2.3 g - C_3N_4/Bi_2O_3催化剂的 XRD 表征

利用 X 射线衍射仪分析各催化剂粉体的晶相结构。仪器参数:Cu - Kα 辐射,管电压40KV,管电流30mA,扫描范围20°~80°,扫描速度4deg/min。

图 4 – 4 是不同反应物在 450℃下制备 g – C₃N₄的 XRD 谱图,由图可知,煅烧过后催化剂样品的晶相结构。其中,18.2°和 27.3°附近的两个 XRD 衍射峰分别归属于 g – C₃N₄结构中(100)和(002)的晶面衍射峰,这是辨认 g – C₃N₄的特征衍射峰。说明分别以二氰二胺、硫脲、尿素为前驱体所制备的 g – C₃N₄结构是一致的。

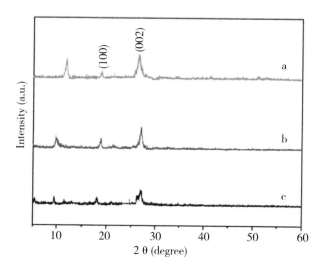

图 4 – 4   不同反应物在 450℃下制备催化剂 g – C₃N₄的 XRD 谱图

图 4 – 4 显示,硫脲在 450℃煅烧 2h 所制备 g – C₃N₄的 X 射线衍射峰值强于其他二者。表明了硫脲作为前驱体合成光催化剂的结晶度相比于其他二者要更好。催化剂活性顺序为:a > b > c,同时三者都可以用来制备光催化剂,说明了一般不同的富含氮的有机前体均可用煅烧的方法来制备 g – C₃N₄。

§4.3 SiO_2/CNI 复合光催化剂表征[3]

4.3.1 SiO_2/CNI 复合光催化剂 XRD 表征

催化剂表征采用 BrukerD8Advance 型 X 射线衍射仪(XRD)对样品的晶体结构进行表征,辐射源为铜靶 CuKα 射线(λ = 0.154nm),采用 Ni 滤光片滤光,工作电压为 40kV,电流为 40mA,扫描范围为 $2\theta = 10° - 60°$。

图 4 - 5 为催化剂样品的 XRD 图谱。对于 SiO_2 衍射峰,$2\theta = 21.06°$,26.71°,36.70°,39.67°,40.57°,42.65°,46.03°,50.30°,54.95°的衍射峰分别对应于(100)、(011)、(110)、(102)、(111)、(200)、(201)、(112)和(022)晶面,所有出现的衍射峰均能与 SiO_2 相符合。对于 CN 衍射峰,$2\theta = 13.51°$,27.63°的衍射峰分别对应于(100)和(002)晶面[4]。对于 CNI 衍射峰,$2\theta = 27.68°$的衍射峰对应于(002)晶面。同样,实验中所制备的 SiO_2/CNI 复合光催化剂样品在 $2\theta = 21.06°$,26.71°,36.70°,39.67°,40.57°,42.65°,46.03°,50.30°,54.95°附近的衍射峰分别对应于(100)、(011)、(110)、(102)、(111)、(200)、(201)、(112)和(022)晶面,这也说明了在复合催化剂中 SiO_2 与 CNI 得到了充分的复合,没有产生新物质。另外,从图 4 - 5 的 d、e、f、g 曲线可知,$2\theta = 26.71°$的衍射峰最强,而且,在复合 SiO_2/CNI 催化剂样品中,随着 SiO_2 与 CNI 质量比的增大,SiO_2 的衍射峰逐渐增强。当 SiO_2 与 CNI 质量比为 1: 15 时,衍射峰强度最大;其后,随着 SiO_2 与 CNI 质量比的增大,SiO_2 的衍射峰逐渐减弱。即 $2\theta = 26.71°$的衍射峰强度顺序为 g < f < e > d。从衍射峰强度与催化剂活性的对应关系来讲[5,6],当 SiO_2 与 CNI 质量比为 1: 15 时,催化剂的催化活性最高,这与实验测得的光解水产氢活性顺序是一致的。

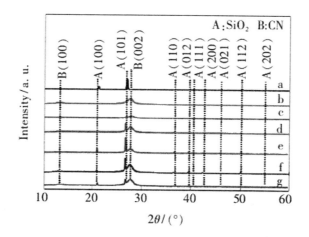

图4-5 SiO₂/CNI催化剂XRD谱图

a—SiO₂;b—CN;c—CNI;d—SiO₂/CNI(1:5);e—SiO₂/CNI(1:15);

f—SiO₂/CNI(1:25);g—SiO₂/CNI(1:30)

4.3.2 SiO₂/CNI复合光催化剂XPS表征

采用布鲁克2000XPS仪(X-射线光电子能谱仪)测试各催化剂样品的能谱。

图4-6为催化剂的X射线光电子能谱图(XPS)。图4-6(a)为C1s能级谱图,图4-6(b)为N1s能级谱图,图4-6(c)为O1s能级谱图,图4-6(d)为Si2p能级谱图,图4-6(e)为I3d能级谱图。从图4-6(a)可知,C元素主要含有两个不同能量位置的光电子峰(284.1eV和287.4eV),其中284.1eV处的峰应归属于环状结构中sp^2杂化的C原子(N—C＝N),287.4eV处的峰归属于石墨型结构中的C—N键中的C原子,并且,C1s轨道的出峰位置未发生偏移。图4-6(b)是CN、CNI和SiO₂/CNI的N1s的高分辨XPS谱图。对于CN,N元素有一个能量位置的光电子峰(398.0eV),归属为sp^2杂化的N原子(C—N＝C)。当I元素被引入到CN主体中后,结合能为398.0eV的N1s能量略向高结合能方向移动,CNI和SiO₂/CNI的N1s结合能移到398.1eV。图4-6(c)是SiO₂/CNI和SiO₂的O1s的高分辨XPS谱

图。O 元素主要含有一个能量位置的光电子峰(531.7eV),归属为 sp 杂化的 O 原子(Si—O)。当 SiO₂ 与 CNI 复合后,由于 CNI 对 SiO₂ 产生作用,使得结合能为 531.7eV 的 O1s 能量略向高结合能方向移动到 531.8eV。图 4 – 6 (d)是 SiO₂/CNI 和 SiO₂ 的 Si2p 的高分辨 XPS 谱图。Si 元素主要含有一个能量位置的光电子峰(102.3eV),归属为 sp³ 杂化的 Si 原子(Si—O)。当 SiO² 与 CNI 复合后,由于 CNI 对 SiO₂ 产生作用,使得结合能为 102.3eV 的 Si2p 能量略向高结合能方向移动到 102.88eV。图 4 – 6(e)为 SiO₂/CNI 和 CNI 的 I3d 的高分辨 XPS 谱图。I 元素主要含有两个不同能量位置的光电子峰(结合能为 621.5eV 和 633.3eV)。

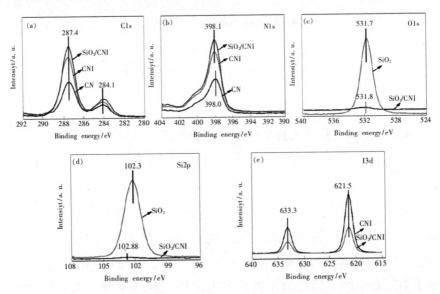

图 4 – 6　样品的 C1s(a)、N1s(b)、O1s(c)、Si2p(d)和 I3d(e)能级的 XPS 谱图

4.3.3　SiO₂/CNI 复合光催化剂 TEM 表征

图 4 – 7 给出的是催化剂透射电子显微镜(TEM)图像。从图中可直观地看出 CN、CNI、SiO₂ 和所制备的 SiO₂/CNI 复合催化剂的形貌特征。CN 具

有较明显的片状结构,CNI 具有带孔的片状结构,SiO₂也具有较为规整的片状结构。对于 SiO₂/CNI 复合催化剂,SiO₂ 和 CNI 紧密地结合在一起,并保留各自完整的形貌特征。

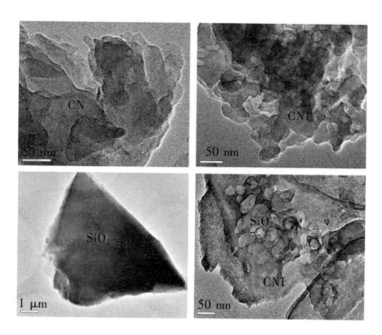

图4-7　SiO₂/CNI 催化剂透射电子显微镜图像(TEM)

4.3.4　SiO₂/CNI 复合光催化剂光致发光光谱表征

取少量 CN、CNI 纯样、SiO₂/CNI(1:5)、SiO₂/CNI(1:15)、SiO₂/CNI(1:25)、SiO₂/CNI(1:30)、SiO₂催化剂样品(粉末),放入 400nm 的滤光片,尽可能用玻片将样品压得致密,利用荧光光谱仪测试样品的光致发光性能。

图4-8 为催化剂光致发光光谱图(PL)。图4-8 显示了在 400nm 波长光的激发下的 CN、CNI 和 SiO₂/CNI(1:15)催化剂样品的荧光光谱。由图4-8 可以看出,在波长 450~650nm 范围内,CN 光催化剂样品(粉末)表现出既强又宽的发光信号。CNI 和 SiO₂/CNI(1:15)光催化剂样品(粉末)同样表现出类似的信号峰,不过后两者的峰强度要较前者弱得多。SiO₂/

CNI(1:15)催化剂样品(粉末)在450～650nm范围内的信号峰最弱。一般认为,荧光信号越强,电子-空穴对的复合概率越高,光催化活性就相应越低[7]。从图4-8可以看出,催化剂的活性次序是:SiO₂/CNI(1:15)催化剂活性最强,CNI催化剂活性次之,CN催化剂的活性最低。这与实验测得的光解水产氢活性顺序是一致的。

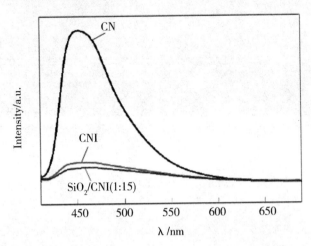

图4-8　SiO₂/CNI催化剂的光致发光光谱(315nm激发波长)

4.3.5　SiO₂/CNI复合光催化剂紫外-可见漫反射光谱表征

取少量纯CN、纯CNI、SiO₂/CNI(1:5)、SiO₂/CNI(1:15)、SiO₂/CNI(1:25)、SiO₂/CNI(1:30)、SiO₂催化剂样品(粉末),利用紫外-可见漫反射光谱仪对各催化剂样品进行表征,测试波长范围为200～800nm。

图4-9是催化剂的紫外-可见漫反射光谱。与纯CN、纯CNI对比,催化剂SiO₂/CNI(1:15)在200～600nm区域内对光的吸收能力更强,催化剂对光吸收能力顺序为SiO₂/CNI(1:15) > CNI > CN。并且,SiO₂/CNI(1:15)的吸收带边沿向长波方向移动较为明显。因此催化剂的光催化活性顺序为SiO₂/CNI > CNI > CN,这与实验测得的催化剂光解水产氢活性顺序相吻合。

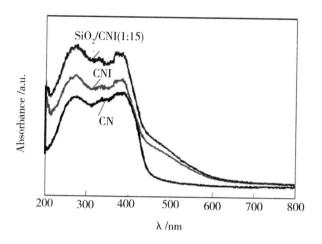

图4-9 **SiO₂/CNI 催化剂的紫外-可见漫反射光谱**

§4.4 AgNbO₃/石墨烯复合光催化剂表征

4.4.1 AgNbO₃/石墨烯复合光催化剂 TEM 表征[8]

制备的复合材料的形态和微观结构,通过透射电镜进行分析,如图4-10所示。从 TEM 图像可以看出,在300℃和500℃固相反应制备的两种 AgNbO₃/石墨烯纳米复合材料(2:1)的微观结构。从图4-10A 中看出,在300℃制备的纳米 AgNbO₃约10~20nm 大小的 2D 石墨烯均匀分布。Ag-NbO₃纳米粒子可以有效地分布于石墨烯片表面上。从图4-10B 中看出,与在300℃得到的纳米复合材料相比,在500℃制备的 AgNbO₃/石墨烯复合材料的铌酸银纳米粒子的尺寸(2:1)增加了约30~50nm。同时,铌酸银纳米粒子发生了更多的团聚,这可能会影响复合材料的性能。根据分析,300℃可能是纳米 AgNbO₃/石墨烯纳米复合材料形成的最佳温度,下面材料的 DRS 分析也支持了这一结论。

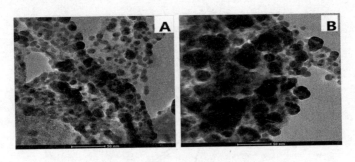

图 4 – 10   AgNbO₃/石墨烯复合光催化剂 TEM 图

4. 4. 2   AgNbO₃/石墨烯复合光催化剂 DRS 表征

光吸收特性是决定催化剂光催化性能的一个关键因素,可以表现出催化剂的吸收光谱范围。为了分析 AgNbO₃/石墨烯(2:1)纳米复合材料及 AgNbO₃ 的光吸收特性,我们进行了紫外可见漫反射光谱(DRS)实验。图 4 – 11(a)显示的是 AgNbO₃/石墨烯纳米复合材料在 300℃、400℃、500℃ 和 700℃ 条件下产物和 AgNbO₃ 的 DRS(2:1)结果分析。分析结果显示,相比于纯铌酸银,复合材料均表现出较强的光吸收能力,在可见光区域的吸收有明显的波长偏移,说明产生电子 – 空穴对相同的可见光的照射下,AgNbO₃/石墨烯纳米复合材料可能产生更高的光催化性能。同时,随着煅烧温度的增加,复合材料的光吸收强度逐渐降低,这也表明,石墨烯的存在可以作为一种手段来降低 AgNbO₃ 的带隙能。此外,图 4 – 11(b)可以看出,在 300℃、400℃、500℃ 和 700℃ 等不同温度条件下制备的 AgNbO₃/石墨烯纳米复合材料的 Eg 值分别为 2. 62、2. 58、2. 32 和 2. 11eV。AgNbO₃/石墨烯纳米复合材料(2:1)中相对较窄的带隙能量可归因于在混合结构中强相互作用,可能使太阳能的利用更有效。基于和 Eg 值的结果,我们认为 300℃ 是 AgNbO₃/石墨烯纳米复合材料(2:1)形成的最佳温度。

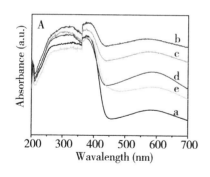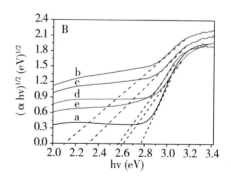

图4-11　AgNbO₃/石墨烯纳米复合材料在300℃、400℃、500℃和

700℃条件下产物和AgNbO₃的DRS(2:1)图

4.4.3　AgNbO₃/石墨烯纳米复合材料活性分析

在可见光照射条件下,我们研究了AgNbO₃及AgNbO₃/石墨烯纳米复合材料作为催化剂对MO溶液的光催化降解活性。图4-12(a)显示含有不同组成比例的AgNbO₃/氧化石墨烯(GO)复合材料以及纯AgNbO₃光催化降解效率不同。所有AgNbO₃/氧化石墨烯(GO)复合材料都具有比纯AgNbO₃更好的光催化活性。此外,随着GO含量从20%到50%的增加,AgNbO₃/氧化石墨烯(GO)复合材料的光催化活性呈先增强后下降的结果。光催化活性最高的催化剂是AgNbO₃/氧化石墨烯(2:1)的复合材料。我们就选择AgNbO₃/石墨烯(2:1)复合材料作为光催化剂进一步进行研究。基于以上研究结果,对在200℃、300℃、400℃和500℃条件下制备的AgNbO₃/氧化石墨烯(2:1)的复合材料的光催化性能进行了研究,如图4-12(b)所示。研究表明,300℃条件下制备的AgNbO₃/氧化石墨烯(2:1)的复合材料的光催化性能最优,实验条件下,光照120分钟后光催化降解率可以达到98.7%。

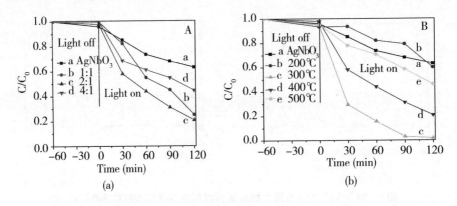

图4-12 AgNbO₃/氧化石墨烯(GO)复合材料以及纯AgNbO₃光催化降解

效率(A)和在200℃、300℃、400℃和500℃条件下制备的AgNbO₃/氧化石墨烯

(2:1)的复合材料的光催化性能(B)

§4.5 SiO_2/g-C_3N_4复合光催化剂表征[9]

4.5.1 SiO_2/g-C_3N_4复合光催化剂紫外-可见漫反射光谱表征

紫外-可见漫反射光谱表征将g-C_3N_4编号为①,不同质量分数的复合光催化剂由低到高编号为②~⑥,按照编号顺序,利用紫外-可见吸收光谱仪测试各种催化剂样品的紫外-可见吸收性能。

从图4-13可以看出,在波长300~450nm的紫外-可见光区域催化剂都有着较强的吸收。催化剂g-C_3N_4和不同质量分数的SiO_2/g-C_3N_4复合催化剂在紫外区和可见区都有吸收,但是后者在紫外区和可见区的吸收强度都有所提高,可能是SiO_2的加入增大了g-C_3N_4的比表面积[10],增强了对光的吸收。由此可见,对光的吸收能力最强的是13.0% SiO_2/g-C_3N_4的光催化剂,其次是4.8% SiO_2/g-C_3N_4、9.1% SiO_2/g-C_3N_4、16.7% SiO_2/g-C_3N_4、20.0% SiO_2/g-C_3N_4,最后是g-C_3N_4催化剂。催化剂对光吸收能力体现了催化剂的光催化活性,所以此图显示出 13.0% $SiO_2/g-C_3N_4$ 催化剂的光催化活性最高。由于 SiO_2 的加入使得 $g-C_3N_4$ 的 π 共轭体系得到拓展和完善,导致 LUMO - HOMO 平面发生扭曲,使得催化剂对光的吸收带边发生红移,改善了催化剂对光的吸收能力,提高了对可见光的利用率。

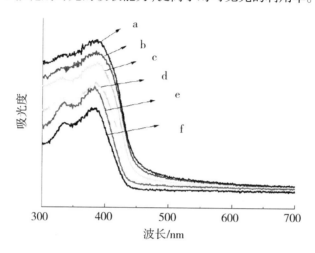

图 4 - 13　$SiO_2/g-C_3N_4$ 催化剂的紫外 - 可见漫反射光谱

a—13.0% $SiO_2/g-C_3N_4$;b—4.8% $SiO_2/g-C_3N_4$;c—9.1% $SiO_2/g-C_3N_4$;

d—16.7% $SiO_2/g-C_3N_4$;e—20.0% $SiO_2/g-C_3N_4$;f—$g-C_3N_4$

4.5.2　$SiO_2/g-C_3N_4$ 复合光催化剂光致发光光谱表征

催化剂样品(粉末)按照①~⑥的顺序,取少量放入压片模具中,然后用玻璃片按压,利用荧光光谱仪测试各种催化剂样品的光致发光性能。

图 29 显示了在 400nm 波长光的激发下 $g-C_3N_4$、13.0% $SiO_2/g-C_3N_4$、4.8% $SiO_2/g-C_3N_4$、9.1% $SiO_2/g-C_3N_4$、16.7% $SiO_2/g-C_3N_4$、20.0% $SiO_2/g-C_3N_4$ 催化剂样品(粉末)的荧光光谱。

由图 4 - 14 可知,在波长 400~500nm 范围内 $g-C_3N_4$ 光催化剂样品(粉末)表现出既强又宽的发光信号。不同质量分数的光催化剂样品(粉末),在波长 400~500nm 范围内同样表现出类似的信号峰,不过峰强度要较 $g-C_3$

N₄弱。对于 13.0% SiO₂/g - C₃N₄ 催化剂样品(粉末),在波长为 400~500nm 范围内,信号峰最弱。图中显示出 SiO₂ 存在显著抑制 g - C₃N₄ 的 PL 峰的高度,可能是 SiO₂ 在电子 - 空穴的分离和光生电子的捕获有作用,SiO₂ 和 g - C₃N₄ 所形成的化学键可以促进两个阶段之间的电荷转移。荧光信号越强,光生载流子的复合概率越高,光催化活性就相应降低。由于 SiO₂ 的加入使得 g - C₃N₄ 的 π 共轭体系得到拓展和完善,导致 LUMO - HOMO 平面发生扭曲,随着 LUMO - HOMO 平面发生扭曲,表明 SiO₂ 的加入不仅可以窄化材料半导体禁带宽度,而且还可以显著抑制光生载流子的复合,从而提高催化剂的氧化还原能力及其光催化性能。图 29 中显示催化剂活性最强的是 13.0% SiO₂/g - C₃N₄ 催化剂,随后的是 4.8% SiO₂/g - C₃N₄、9.1% SiO₂/g - C₃N₄、13.0% SiO₂/g - C₃N₄、16.7% SiO₂/g - C₃N₄、20.0% SiO₂/g - C₃N₄ 催化剂,g - C₃N₄ 催化剂的活性最低。这与图 4 - 13 分析的结果相同。

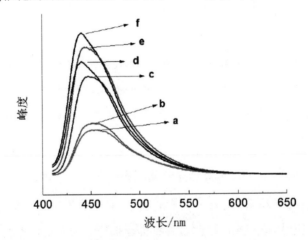

图 4 - 14 SiO₂/g - C₃N₄ 催化剂的光致发光光谱(激发波长 400nm)

a—13.0% ;b—4.8% SiO₂/g - C₃N₄ ;c—9.1% SiO₂/g - C₃N₄ ;

d—16.7% SiO₂/g - C₃N₄ ;e—20.0% SiO₂/g - C₃N₄ ;f—g - C₃N₄

4.5.3 SiO₂/g - C₃N₄ 复合光催化剂液相紫外 - 可见光吸收光谱表征

图 4 - 15 分别显示了 g - C₃N₄、13.0% SiO₂/g - C₃N₄ 光催化剂样品在可见

光照射下光催化降解甲基橙的 UV – Vis 谱随时间的变化。图中在 464nm 处出现最大吸收峰,是偶氮键的吸收峰。因此吸收峰越高,说明被测溶液中甲基橙的浓度越大,即甲基橙被降解的比较少,从而显示出光催化剂的活性大小。

图 4 – 15 表明,在可见光照射下,相同时间内 13.0% SiO_2/g – C_3N_4 比 g – C_3N_4 降解的甲基橙更多,即 13.0% SiO_2/g – C_3N_4 的降解活性更好。由于没有新的峰出现,吸光度数值的逐渐减小主要是因为光催化降解反应,随着光催化反应的进行,降解的甲基橙越来越多,浓度越来越小,所以吸收峰越来越低。

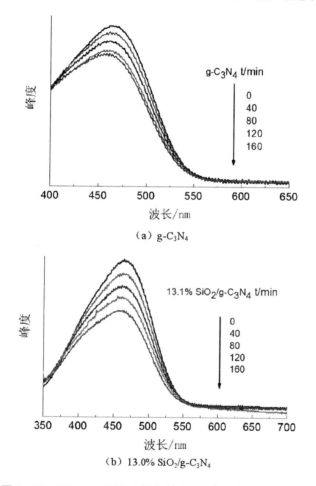

(a) g-C_3N_4

(b) 13.0% SiO_2/g-C_3N_4

图 4 – 15 SiO_2/g – C_3N_4 光催化剂在可见光照射下光催化降解甲基橙溶液的 UV – Vis 谱随时间的变化

§4.6　异质结 $SnS_2/g-C_3N_4$ 复合光催化剂表征[11]

4.6.1　异质结 $SnS_2/g-C_3N_4$ 复合光催化剂紫外－可见漫反射光谱表征

图 4－16 为不同含量下制备的 $SnS_2/g-C_3N_4$ 复合催化剂的 UV－Vis-DRS 谱图。由图 4－16 可知，纯 $g-C_3N_4$ 和 SnS_2 复合催化剂在紫外区有明显吸收，可见光区 400～450nm 有较强吸收，但纯 $g-C_3N_4$ 和 SnS_2 比复合光催化剂有更弱的紫外可见光吸收能力，在紫外光区尤为突出。纯 SnS_2 从紫外区到 450nm 均有不同程度的吸收，而其吸收边界的急剧下降表明此吸收应该是由于半导体的带间跃迁造成的。从图 4－16 可以看到，5%（质量分数）$SnS_2/g-C_3N_4$（SCHN5）光催化剂的吸收边缘逐渐向长波方向移动，而且 5% $SnS_2/g-C_3N_4$ 光催化剂在 200～450nm 区域内有较大的光吸收性能，提高了对光的利用率，这是 5% $SnS_2/g-C_3N_4$ 光催化剂具有更强的光催化活性的一个重要原因。

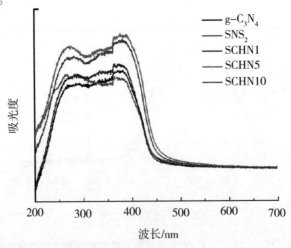

图 4－16　异质结 $SnS_2/g-C_3N_4$ 复合光催化剂紫外－可见漫反射光谱

4.6.2 异质结 $SnS_2/g-C_3N_4$ 可见光降解甲基橙的 UV–Vis 光谱表征

图 4-17 是 $SnS_2/g-C_3N_4$ 在可见光辐射条件下，光催化降解甲基橙的紫外–可见光谱图。图 4-17 显示，同样的反应条件，(c) 样品的降解程度比(a)、(b)都要大得多。吸光度的降低主要是光催化降解反应造成的[1,12]。

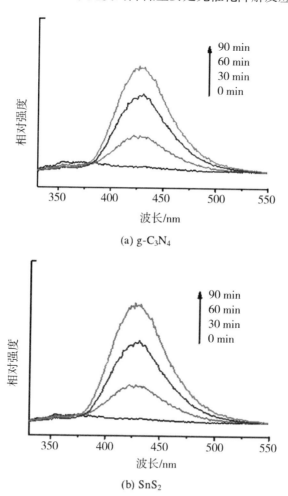

(a) g-C₃N₄

(b) SnS₂

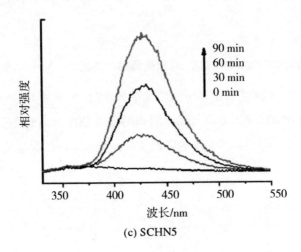

(c) SCHN5

图 4 – 17　SnS$_2$/g – C$_3$N$_4$催化剂样品在可见光光

催化降解甲基橙的液相光谱图

§4.7　Co$_3$O$_4$ – CNB 复合光催化剂表征

4.7.1　Co$_3$O$_4$ – CNB 催化剂光致发光光谱(PL)分析

图 4 – 18 显示了在 400nm 波长光的激发下 CN、CNB、Co$_3$O$_4$、0.5% Co$_3$O$_4$ – CNB、1%、2% Co$_3$O$_4$ – CNB、5% Co$_3$O$_4$ – CNB 催化剂样品(粉末)的荧光光谱。由图 4 – 18 可以看出,在波长 425～500nm 范围内 CN 光催化剂样品(粉末)表现出既强又宽的发光信号。CNB 和 0.5% Co$_3$O$_4$ – CNB、2% Co$_3$O$_4$ – CNB、5% Co$_3$O$_4$ – CNB 光催化剂样品(粉末),在波长 425～500nm 范围内同样表现出类似的信号峰,不过峰强度要较 CN 弱的多。对于 1% Co$_3$O$_4$ – CNB 催化剂样品(粉末),在波长为 425～500nm 范围内,信号峰更弱。

目前探讨 CNB 和 Co$_3$O$_4$半导体材料光致发光性能与其光催化活性关系的文献报道较少,发光机制尚不清楚。一般认为,荧光信号越强,光生载流子(电子-空穴对)的复合概率越高,光催化活性就相应越低[13,14]。就这一点而言,从图4-18可以看出,1% Co$_3$O$_4$-CNB催化剂的活性次序是催化剂活性最强,CNB和0.5% Co$_3$O$_4$-CNB、2% Co$_3$O$_4$-CNB、5% Co$_3$O$_4$-CNB催化剂活性次之,CN催化剂的活性最低。

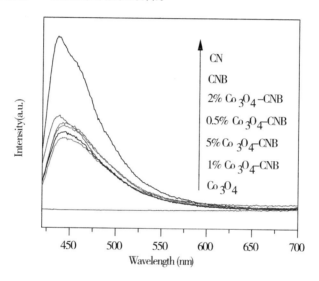

图4-18　催化剂光致发光光谱

4.7.2　紫外-可见漫反射光谱分析

图4-19显示了所制备催化剂的紫外-可见吸收光谱。由图中可以看出,Co$_3$O$_4$-CNB型光催化剂可以吸收紫外光和可见光,而单独的CN和CNB几乎只能吸收紫外光。随着Co$_3$O$_4$负载量的增加,催化剂对紫外光的吸收减弱,这可能是因为大量的Co$_3$O$_4$妨碍了CNB对紫外光的吸收。

从图4-19中还可以看出,Co$_3$O$_4$-CNB型催化剂对可见光的吸收能力次序为:1% Co$_3$O$_4$-CNB最强,0.5% Co$_3$O$_4$-CNB、5% Co$_3$O$_4$-CNB次之,2% Co$_3$O$_4$-CNB则较差。与纯的CN和CNB相比,1% Co$_3$O$_4$-CNB光催化剂在400~700nm区域具有更强的光吸收性能并且吸收边向长波方向移动。

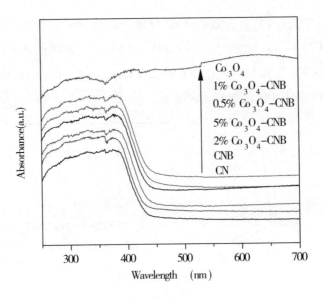

图 4 - 19　催化剂紫外 - 可见漫反射光谱图

§4.8　CNB - BA 复合光催化剂表征

4.8.1　CNB - BA 催化剂 XRD 分析

　　如图 4 - 20 是测量复合样 CNB - BA 的 XRD 谱图,这些复合样的所有的样品都有相似的特征 X 射线衍射峰[15]。从图中我们也可以清楚地看到复合物对应峰,它的衍射峰 $2\theta = 13.0^*$、24.7^*(100)和(002)晶面[13],这就说明 CNB - BA 制备的很成功。可以清楚地看出,随着巴比妥酸含量的增加。在 $13.0°$峰,$27.4°$的峰被削弱,变宽,且 $27.4°$的(002)处,石墨相夹层厚度明显减小。结果可能来源于巴比妥酸插入石墨相层结构中,破坏了石墨相原来的结构[15]。

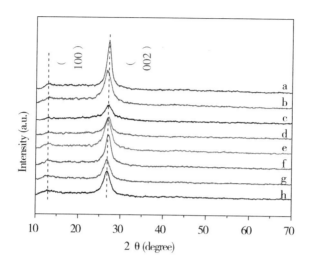

图 4 – 20　催化剂 XRD 谱图

a—CN；b—CNB；c—BA；d—CNB – $BA_{0.005}$；e—CNB – $BA_{0.01}$；

f—CNB – $BA_{0.03}$；g—CNB – $BA_{0.05}$；h—CNB – $BA_{0.1}$

4.8.2　液相紫外光谱分析

图 4 – 21 中(a)、(b)、(c)、(d)分别显示了 CN 纯样、CNB – $BA_{0.03}$、CNB 纯样、BA 纯样光催化剂样品在可见光照射下光催化降解的 UV – Vis 谱随时间的变化图。由上图可以说明,在相同的反应条件下,即在可见光照射下甲基橙,样品 CNB – $BA_{0.03}$ 比 CNB 纯样、CN 纯样、BA 纯样的降解程度要大。同时由于没有新的吸收峰的出现,这就表明吸光度数值的逐渐下降主要原因是光催化导致的降解反应。

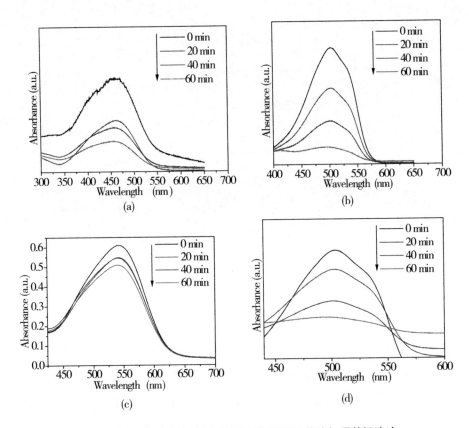

图 4 - 21 不同光催化剂在可见光照射下光催化降解甲基橙溶液
的 UV - Vis 谱随时间的变化

4.8.3 固相紫外光谱分析

图 4 - 22 显示了不同质量比例的复合催化剂样品的固相紫外光谱。由
图我们可以知道,巴比妥酸也有一定的光吸收能力,于是这就间接表明了一
些活性,同时我们又可以看出巴比妥酸添加并没有引起吸收峰的移动。同
时我们看到随着巴比妥酸加入量的增加,复合光催化剂的光吸收能力逐渐
减弱。观察可知,增强光吸收能力归功于带隙的减小[15]。

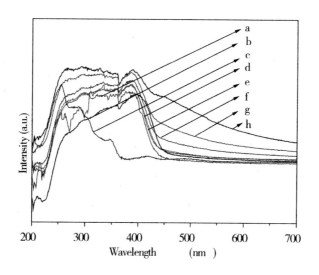

图4－22　固相催化剂紫外光谱图

a—CN；b—CNB；c—BA；d—CNB－$BA_{0.005}$；e—CNB－$BA_{0.01}$；

f—CNB－$BA_{0.03}$；g—CNB－$BA_{0.05}$；h—CNB－$BA_{0.1}$

4.8.4　光致发光光谱分析

图4－23显示了所制备催化剂的光致发光实验光谱图。理论研究表明，固相荧光可以有效地给出光生载流子的复合效率的信息，一般而言，固相荧光谱图所对应的峰越低，那么光生载流子的分离效率就越好。由图我们可以看出，随着巴比妥酸质量比的增加，峰越来越低，所以我们就可以认为通过复合有效地提高了光生载流子的分离效率，大大提高了光催化活性。荧光强度越强意味着光催化体系中产生了越多的羟基自由基，人们通常认为羟基自由基是光催化氧化中的重要物种，羟基自由基的浓度与催化剂的光催化活性密切相关。

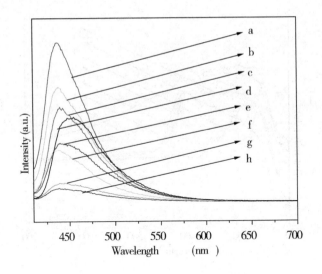

图 4 - 23　催化剂光致发光光谱图

a—CN；b—CNB；c—BA；d—CNB - BA$_{0.005}$；e—CNB - BA$_{0.01}$；

f—CNB - BA$_{0.03}$；g—CNB - BA$_{0.05}$；h—CNB - BA$_{0.1}$

4.8.5　红外光谱分析

图 4 - 24 为不同质量比例的 CNB - BA 复合样品的红外谱图，从中我们看出，在 810cm^{-1}附近处的吸收峰归属于三嗪环骨架的弯曲振动[16]。位于 1200 ~ 1600cm^{-1}是芳杂环氮碳伸缩振动吸收峰。1280cm^{-1}以及 1375cm^{-1}附近的吸收峰是石墨相氮化碳 C - N 的特征吸收峰[17]，1649cm^{-1}附近的吸收峰是 C = N 双键的伸缩振动峰[18]。由图可知，在这些特征吸收峰之中，CNB - BA$_{0.03}$吸收峰最强，这可能与其具有相对较高的光催化活性有关[19]。

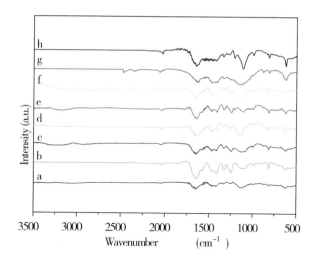

图 4 − 24　催化剂光致发光光谱图

a—CN；b—CNB；c—BA；d—CNB − BA$_{0.005}$；e—CNB − BA$_{0.01}$；

f—CNB − BA$_{0.03}$；g—CNB − BA$_{0.05}$；h—CNB − BA$_{0.1}$

§4.9　DyVO$_4$/g − C$_3$N$_4$I 复合光催化剂表征[20]

4.9.1　催化剂 XRD 分析

图 4 − 25 表示 g − C$_3$N$_4$、g − C$_3$N$_4$I、3.2% DyVO$_4$/g − C$_3$N$_4$I、6.3% DyVO$_4$/ g − C$_3$N$_4$I、9.7% DyVO$_4$/g − C$_3$N$_4$I 和 DyVO$_4$ 催化剂样品的 XRD 图，在 g − C$_3$N$_4$ 和 g − C$_3$N$_4$I 图中找到了一个明显的峰位于 2θ = 27.4°对应于（002） 晶面[21,22]。DyVO$_4$ 的几个衍射峰位于 2θ = 18.7°、24.9°、33.5°处，分别与正 方 DyVO4 的（101）、（200）、（112）晶面相对应[23]。随着 DyVO$_4$ 在 DyVO$_4$/g − C$_3$N$_4$I 复合材料中含量的增大，DyVO$_4$ 峰值逐渐增强。这验证了 DyVO$_4$ 和 g − C$_3$N$_4$I 在 DyVO$_4$/g − C$_3$N$_4$I 中是充分混合均匀的复合材料。

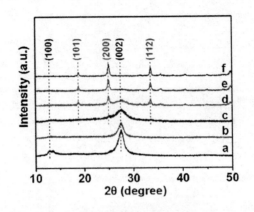

图 4 – 25　催化剂样品的 XRD 图

a—g – C_3N_4；b—g – C_3N_4I；c—3.2% $DyVO_4$/g – C_3N_4I；

d—6.3% $DyVO_4$/g – C_3N_4I；e—9.7% $DyVO_4$/g – C_3N_4I；f—$DyVO_4$

4.9.2　催化剂样品的 X 射线光电子能谱分析

图 4 – 26 表示 g – C_3N_4I 和 6.3% $DyVO_4$/g – C_3N_4I 催化剂样品的 X 射线光电子能谱。显然，I3d 的两个具有高分辨率峰在 621.5 和 633.3eV 处，分别与 $I3d_{5/2}$ 和 $I3d_{3/2}$ 相对应。结果证明在 g – C_3N_4I 和 $DyVO_4$/g – C_3N_4I 催化剂样品中有碘存在。

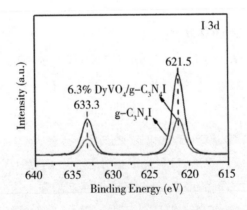

图 4 – 26　催化剂样品的 X 射线光电子能谱

4.9.3　催化剂样品的吸附与解吸、表面活性表征

图 4 – 27 表示 $g - C_3N_4$、$g - C_3N_4I$、$DyVO_4$ 和 6.3% $DyVO_4/g - C_3N_4I$ 催化剂样品的吸附与解吸等温线。从图中可以观察到所有的等温线为 IV 型,通常与毛细管凝聚在孔中。表 4 – 1 表示了 $g - C_3N_4$,$g - C_3N_4I$、3.2% $DyVO_4/g - C_3N_4I$、6.3% $DyVO_4/g - C_3N_4I$、9.7% $DyVO_4/g - C_3N_4I$ 和 $DyVO_4$ 催化剂样品的比表面积、孔的体积、孔的平均直径。

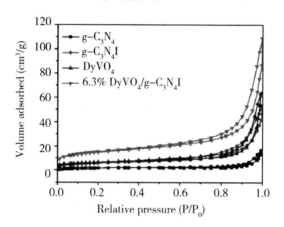

图 4 – 27　$g - C_3N_4$、$g - C_3N_4I$、$DyVO_4$ 和 6.3% $DyVO_4/g - C_3N_4I$

催化剂样品的吸附与解吸等温线

从表 4 – 1 可知,6.3% $DyVO_4/g - C_3N_4I$ 催化剂样品的比表面积是 $50m^2/g$,该催化剂的比表面积比 $g - C_3N_4$、$g - C_3N_4I$、3.2% $DyVO_4/g - C_3N_4I$、9.7% $DyVO_4/g - C_3N_4I$、$DyVO_4$ 催化剂(比表面积分别为 7、22、34、42、$20m^2/g$)要高。催化剂样品的孔大小是采用 BJH(Barrett – Joyner – Halenda)法测量的,$g - C_3N_4$、$g - C_3N_4I$、3.2% $DyVO_4/g - C_3N_4I$、9.7% $DyVO_4/g - C_3N_4I$、$DyVO_4$ 催化剂样品的孔径分别是 8.5、9.9、5.8、8.0、8.6、10.4nm。6.3% $DyVO_4/g - C_3N_4I$ 催化剂样品的孔体积为 $0.10cm^3/g$,这比 $g - C_3N_4$、$g - C_3N_4I$、3.2% $DyVO_4/g - C_3N_4I$、9.7% $DyVO_4/g - C_3N_4I$、$DyVO_4$ 催化剂样品(孔体积分别为 0.02、0.06、0.07、0.08、$0.05cm^3/g$)的孔体积大。由于 6.3% $DyVO_4/$

$g - C_3N_4I$ 催化剂样品具有较高的比表面积和较大孔径,因此其催化剂活性较高。

表 4 – 1 $g - C_3N_4$、$g - C_3N_4I$、$3.2\%DyVO_4/g - C_3N_4I$、$6.3\%DyVO_4/g - C_3N_4I$、

$9.7\%DyVO_4/g - C_3N_4I$ 和 $DyVO_4$ 催化剂样品的比表面积、孔的体积、孔的平均直径

Sample	Specific surface area(m^2/g)	Pore volume (cm^3/g)	Average pore size(nm)	Bandgap(eV)
$g\text{-}C_3N_4$	7	0.02	8.5	2.70
$g\text{-}C_3N_4I$	22	0.06	9.9	2.68
$3.2\%DyVO_4/g\text{-}C_3N_4I$	34	0.07	5.8	2.65
$6.3\%DyVO_4/g\text{-}C_3N_4I$	50	0.10	8.0	2.61
$9.7\%DyVO_4/g\text{-}C_3N_4I$	42	0.08	8.6	2.64
$DyVO_4$	20	0.05	10.4	2.32

4.9.4 催化剂样品的 TEM 表征

图 4 – 28 为催化剂样品的 TEM 图像,它清晰地证明了 $g - C_3N_4I$ 与 $DyVO_4$ 进行了复合。图 4 – 28(a)和图 4 – 28(b)具有典型的类似盘型的表面形态,图 4 – 28(c)具有棒状结构,其平均粒径约 25nm,图 4 – 28(a)、图 4 – 28(b)、图 4 – 28(c)分别为 $g - C_3N_4$、$g - C_3N_4I$、$DyVO_4$ 的图像[23,24]。图 4 – 28(d)表明 $DyVO_4$ 包覆在 $g - C_3N_4I$ 上面,两者通过表面接枝复合在一起,$DyVO_4$ 嫁接在 $g - C_3N_4I$ 的表面上,生成了 $DyVO_4/g - C_3N_4I$ 复合光催化剂。

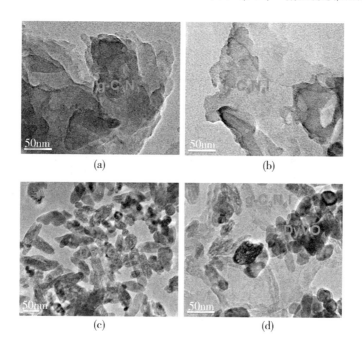

图 4 - 28 催化剂样品的 TEM 图像

4.9.5 催化剂样品的紫外 - 可见漫反射光谱图表征

图 4 - 29 表示 g - C₃N₄、g - C₃N₄I、3. 2% DyVO₄/g - C₃N₄I、6. 3% DyVO₄/ g - C₃N₄I、9. 7% DyVO₄/g - C₃N₄I、DyVO₄催化剂样品的紫外 - 可见漫反射光 谱图,从图 4 - 29 可知,与 g - C₃N₄相比,g - C₃N₄I 和 DyVO₄/g - C₃N₄I 的吸 收峰发生明显的红移。所有催化剂样品在 400 ~ 700nm 可见光区域内均有 吸收,DyVO₄对光的吸收能力比 g - C₃N₄、g - C₃N₄I 都要强。根据文献报 道[23,25],3. 2% DyVO₄/g - C₃N₄I、6. 3% DyVO₄/g - C₃N₄I、9. 7% DyVO₄/g - C₃ N₄I、DyVO₄催化剂样品光吸收带隙分别为 2. 65、2. 61、2. 64、2. 32eV,这些带 隙与 g - C₃N₄(2. 70eV)和 g - C₃N₄I(2. 68eV)的带隙相比较小。因此,由于 g - C₃N₄I 与 DyVO₄复合,改变了 DyVO₄/g - C₃N₄I 的电子结构,从而导致了 复合催化剂 DyVO₄/g - C₃N₄I 的带隙变小。令人感兴趣的是,虽然 DyVO₄在 9. 7% DyVO₄/g - C₃N₄I 中含量较高,但是,6. 3% DyVO₄/g - C₃N₄I 的带隙比

9.7% $DyVO_4/g-C_3N_4I$ 低 0.03eV，这表明 $g-C_3N_4I$ 与 $DyVO_4$ 相互作用有助于提高光响应及降低所制备催化剂样品的带隙。

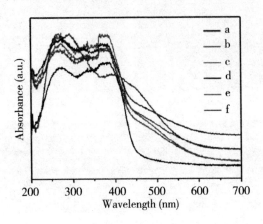

图 4 − 29 催化剂样品的紫外−可见漫反射光谱图

a—$g-C_3N_4$；b—$g-C_3N_4I$；c—3.2% $DyVO_4/g-C_3N_4I$；

d—6.3% $DyVO_4/g-C_3N_4I$；e—9.7% $DyVO_4/g-C_3N_4I$；f—$DyVO_4$

4.9.6 催化剂样品的光致发光(PL)光谱表征

光致发光(PL)发射光谱已经用来作为揭示光生载流子的传输和分离效率的一种工具[21,26,27]，图 4 − 30 是利用激发波长为 400nm 的光来测试 $g-C_3N_4$、$g-C_3N_4I$ 和 6.3% $DyVO_4/g-C_3N_4I$ 催化剂样品的 PL 发射光谱图，显然，观察到一个强的 PL 发射峰是 $g-C_3N_4$ 产生的峰，这可以归因于辐射载流子的复合而产生的峰[21,24]，与 $g-C_3N_4$ 或 $g-C_3N_4I$ 相比，6.3% $DyVO_4/g-C_3N_4I$ 的发射峰位置几乎没有改变，但其相对强度较低，这表明 $DyVO_4$ 和 $g-C_3N_4I$ 的复合可以显著提高光生电子空穴对分离效率。

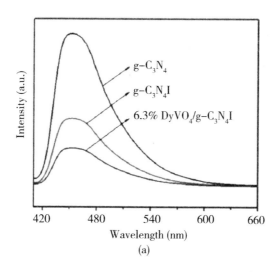

图4-30 催化剂样品的光致发光(PL)光谱

4.9.7 催化剂样品的 EPR 光谱表征

图4-31 显示 $g-C_3N_4$、$g-C_3N_4I$ 和 6.3% DyVO4/$g-C_3N_4I$ 催化剂样品的 EPR 光谱。洛伦兹线集中在 $g=2.0034$ 处,暗示的未成对电子与 CN 芳香环发生共轭作用[21,28],显然,这洛伦兹线在 DyVO$_4$/$g-C_3N_4I$ 复合后增强,可能是由于 DyVO$_4$/$g-C_3N_4I$ 中的电子重新分配导致的结果[21]。因此,DyVO$_4$/$g-C_3N_4I$ 复合形成优化了电子能带结构,有利于电荷迁移和分离。

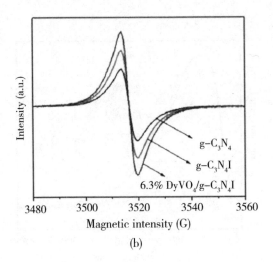

(b)

图 4 - 31　$g - C_3N_4$、$g - C_3N_4I$ 和 6.3% $DyVO4/g - C_3N_4I$ 催化剂样品的 EPR 光谱

4.9.8　催化剂样品的电化学阻抗谱表征

图 4 - 32 显示了 $g - C_3N_4I$ 和 6.3% $DyVO_4/g - C_3N_4I$ 催化剂样品的电化学阻抗谱。从图 4 - 32 可以观察到 6.3% $DyVO_4/g - C_3N_4I$ 的奈奎斯特图的直径发生明显降低,这意味着 6.3% $DyVO_4/g - C_3N_4I$ 的电子电阻小于 $g - C_3N_4$ 和 $g - C_3N_4I$ 的电子电阻[21,24,29],这与 PL 的结果是一致的。

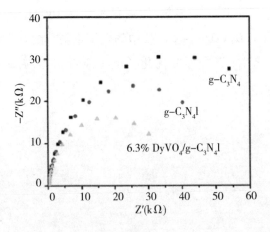

图 4 - 32　$g - C_3N_4$、$g - C_3N_4I$ 和 6.3% $DyVO_4/g - C_3N_4I$ 催化剂样品的电化学阻抗谱

4.9.9 g－C₃N₄、g－C₃N₄I和6.3%DyVO₄/g－C₃N₄I催化剂样品的光电流g－C₃N₄测试

图4-33显示了g－C₃N₄I和6.3%DyVO₄/g－C₃N₄I催化剂样品的光电流g－C₃N₄测试。从图4-33可知,6.3%DyVO₄/g－C₃N₄I的光电流发生改变,6.3%DyVO₄/g－C₃N₄I的光电流分别是g－C₃N₄、g－C₃N₄I的3.6和1.2倍,表示6.3%DyVO₄/g－C₃N₄I催化剂样品光生电荷载体的分离和迁移得到提高和改善[21,30],这与PL的结果是一致的。

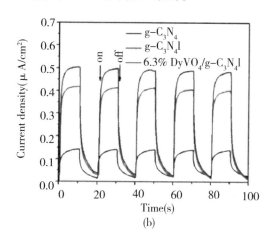

(b)

图4-33　g－C₃N₄I和6.3%DyVO₄/g－C₃N₄I催化剂

样品的光电流g－C₃N₄测试图

(1)以四异丙醇钛和三乙胺为原料通过水解法合成TiO₂。三聚氰胺于580℃煅烧,得到g－C₃N₄。将3%g－C₃N₄与TiO₂混合,在超声波条件下加入适量甲醇,得到复合材料g－C₃N₄/TiO₂。以甲基橙为光催化反应模型,考察了复合材料的紫外光催化活性,探究了清除剂对催化剂活性的影响。结合荧光技术研究了复合材料表面的羟基自由基的生成。实验表明,3%g－C₃N₄与TiO₂纳米粉体具有良好的光催化活性,甲基橙脱色率达96.6%。

(2)以二氰二胺、巴比妥酸、$Fe(NO_3)_3 \cdot 9H_2O$ 和 $Zn(NO_3)_2 \cdot 6H_2O$ 为原料,用水做溶剂,采用焙烧的方法合成了 $C_3N_4/ZnO/Fe_2O_3$ 复合光催化剂。用对苯二甲酸作为探针分子,结合荧光技术研究了 $C_3N_4/ZnO/Fe_2O_3$ 复合光催化剂表面的羟基自由基形成。以甲基橙为光催化反应的模型化合物,评价了 $C_3N_4/ZnO/Fe_2O_3$ 复合光催化剂的紫外光催化活性。结果表明:C_3N_4 与 ZnO/Fe_2O_3 质量比率对 $C_3N_4/ZnO/Fe_2O_3$ 复合光催化剂的光催化活性有重要的影响;当 C_3N_4,ZnO 和 Fe_2O_3 质量比率为 10∶1.2∶12.9 时所制得的 $C_3N_4/ZnO/Fe_2O_3$ 复合催化剂的紫外光催化活性最好。羟基自由基生成速率的变化趋势与 $C_3N_4/ZnO/Fe_2O_3$ 复合催化剂的光催化活性的变化趋势相吻合。$C_3N_4/ZnO/Fe_2O_3$ 复合光催化剂的光致发光光谱强度与它的光催化活性之间也有良好的对应关系。

(3)分别以硫脲、尿素、二氰二胺为前驱体,采用热解法合成 $g-C_3N_4$,再将其与 Bi_2O_3 以不同质量比复合煅烧制备 $Bi_2O_3/g-C_3N_4$ 复合光催化剂,并用 XRD、紫外-可见光谱、光致发光光谱等对其进行了表征。以甲基橙为光催化反应的模型化合物,考察了 $Bi_2O_3/g-C_3N_4$ 光催化剂的紫外光催化活性。实验结果表明:(1)在 450℃下煅烧硫脲制备的 $g-C_3N_4$ 具有较高的催化活性,甲基橙的降解率为 49.9%;(2)当 $g-C_3N_4$ 在 $Bi_2O_3/g-C_3N_4$ 复合光催化剂中的质量百分率为 80% 时,$Bi_2O_3/g-C_3N_4$ 的光催化活性最高,甲基橙的光催化降解率达到 59.1%。

(4)以二氰二胺和碘化铵为前驱体,采用水浴-焙烧方法首次制备了 CNI 与 SiO_2 不同质量比的 SiO_2/CNI 复合光催化剂。实验结果表明,与 CNI 相比,CNI/SiO_2 复合光催化剂具有更高的光催化活性。当 SiO_2 与 CNI 的质量比为 1∶15 时,SiO_2/CNI 催化剂样品的光解水产氢活性最高,光解水产氢速率为 88.6μmol/h。SiO_2/CNI(1∶15)样品之所以具有高活性主要有两方面原因:适量的 SiO_2 与 CNI 复合可以使光生电子-空穴对的复合得到显著的抑制;SiO_2 与 CNI 复合使得 SiO_2/CNI 对可见光(200~600nm)吸收能力增强,且其吸收带边向长波方向移动。

(5)研究表明,300℃ 条件下制备的 $AgNbO_3$/氧化石墨烯(2:1)的复合材料的光催化性能最优,实验条件下,光照 120 分钟后光催化降解率可以达到 98.7%。

(6)三聚氰胺为前驱体,掺杂不同质量的 SiO_2,采用热聚合法制备 SiO_2 与 $g - C_3N_4$ 不同质量分数的 $SiO_2/g - C_3N_4$ 复合光催化剂。与 $g - C_3N_4$ 相比, $SiO_2/g - C_3N_4$ 复合光催化剂具有更高的活性,当 SiO_2 在 $SiO_2/g - C_3N_4$ 中的质量分数为 13.0% 时,即 13.0% $SiO_2/g - C_3N_4$ 光催化剂的可见光催化活性最大,在该优化条件下,可见光照射 2h,13.0% $SiO_2/g - C_3N_4$ 光催化降解甲基橙的脱色率达到 45.8%。13.0% $SiO_2/g - C_3N_4$ 样品之所以具有高活性主要归因于:(1)适量的 SiO_2 与 $g - C_3N_4$ 复合可以使光生电子 – 空穴对的复合得到显著的抑制,使光生电子 – 空穴对分离效率得到提高,进而提高了催化剂 $SiO_2/g - C_3N_4$ 的光催化活性;(2) SiO_2 与 $g - C_3N_4$ 复合使得 $SiO_2/g - C_3N_4$ 对可见光吸收能力(400 ~ 500nm)增强,且其吸收带边向长波方向移动。

(7)以尿素为前驱体,采用热解法合成了石墨相 $g - C_3N_4$;以 $SnCl_4 \cdot 5H_2O$ 和硫代乙酰胺为前驱体,采用水热法合成超薄六边形 SnS_2 纳米片。再将 SnS_2 与 $g - C_3N_4$ 以不同质量比复合,采用简便的超声分散法制备了超薄的 $SnS_2/g - C_3N_4$ 异质结纳米片光催化剂。通过甲基橙的可见光催化降解,评价了 $SnS_2/g - C_3N_4$ 异质结催化剂的可见光催化活性。当 SnS_2 与 $g - C_3N_4$ 质量比为 0.05 时,$SnS_2/g - C_3N_4$ 的异质结纳米片光催化活性最高,在该条件下,可见光照射 1h,甲基橙的光催化脱色率达到 48.2%。

参考文献

[1]崔玉民,张文保,苗慧,等 . g – C_3N_4/TiO_2 复合光催化剂的制备及其性能研究[J].应用化工,2014,43(8):1396 – 1398.

[2]张文保,崔玉民,李慧泉,等 . $Bi_2O_3/g - C_3N_4$ 复合催化剂的制备及其性能研究[J].阜阳师范学院学报(自然科学版),2015,32(1):29 – 34.

[3]崔玉民,师瑞娟,李慧泉,等 . 催化剂 SiO_2/CNI 的制备及其在光解水制氢领域中的应用[J].发光学报,2016,37(1):7 – 12.

[4]FINA F,CALLEAR S K,CANINS G M,et al. Structural investigation of

graphitic carbon nitride via XRD and neutron diffraction [J]. Chem. Mater. , 2015,27:2612 - 2618.

[5]CUI Y M,JIA Q F,LI H Q,et al. Photocatalytic activities of $Bi_2S_3/BiOBr$ nanocomposites synthesized by a facile hy-drothermal process [J]. Appl. Surf. Sci. , 2014,290:233 - 239.

[6]郯青峰,刘向阳,崔玉民,等. MoO_3/TiO_2复合催化剂的制备及光活性[J]. 人工晶体学报,2013,42(12):2601 - 2606.

[7]Huiquan Li, Yumin Cui?, Wenshan Hong. High photocatalytic performance of $BiOI/Bi_2WO_6$ toward toluene and Reactive Brilliant Red. Applied Surface Science,2013,264:581 - 588

[8]苗慧,夏娟,金凤,等. $AgNbO_3$/石墨烯复合材料的合成及其可见光催化甲基橙降解活性[J]. 发光学报,2016,37(2):165 - 173.

[9]崔玉民,朱良俊,肖依,等. $SiO_2/g - C_3N_4$复合光催化剂的制备及性能[J]. 环境污染与防治网络版,2016,(6):1 - 9.

[10]宋晓锋,陶红,陈彪,等. 氮化碳材料的光谱学分析及光催化性能研究[J]. 光谱学与光谱分析,2015,35(1):242 - 244.

[11]崔玉民,朱良俊,李慧泉,等. 异质结光催化剂 $SnS_2/g - C_3N_4$ 的光催化性能研究[J]. 环境污染与防治网络版,2016,(9):1 - 7.

[12]胡长峰,阿木日沙那,吴士军. $WO_3 - TiO_2$ 薄膜型复合光催化剂的制备和性能[J]. 高师理科学刊,2014,34(2):65 - 67.

[13]G. T. Li,K. H. Wong,X. W. Zhang,et al. Degradation of acid orange 7 using magnetic AgBr under visible light:the roles of oxidizing species[J]. Chemosphere 2009,76(7):1185 - 1191.

[14]M. C. Yin,Z. S. Li,J. H. Kou,et al. Mechanism inves tigation of visible light - induced degradation in a heterogeneous TiO_2/Eosin Y/Rhodamine B System[J]. Environ. Sci. Technol. 2009,43(2):8361 - 8366.

[15]Jiani Qin,Sibo Wang,He Ren,Yidong Hou,Xinchen Wang Applied Catalysis B:Environmental 179(2015)1 - 8.

[16] Xuefei Li, Jian Zhang, Longhai Shen, Yanmei Ma, Weiwei Lei, Qiliang Cui, Guangtian Zou. Preparation and characterization of graphitic carbon nitride through pyrolysis of melamine [J]. Applied Physics a – Materials Science &Processing, 2009, 94(2):387 – 392.

[17] Thomas A. , Graphitic Carbon Nitride Materials: Variation of Structure and Morphology and Their Use as Metal – Free Catalysts. Journal of Materials Chemistry, 2008, 41(9):4893 – 4908.

[18] Xinchen Wang, Siegfried Blechert, and Markus Antonietti. Polymeric graphitic carbon nitride for heterogeneous photocatalysis. ACS Catalysis, 2012, 2, 1596 – 1606.

[19] Xinchen Wang, A Thomas, X Z Fu, ea al. Adv. Mater. , 2009, 21, 1609 – 1612.

[20] Li Huiquan, Liu Yuxing, Cui Yumin, et al. Facile synthesis and enhanced visible – light photoactivity of $DyVO_4/g – C_3N_4$ composite semiconductors [J]. Applied Catalysis B: Environmental, 2016, 183:426 – 432.

[21] H. Q. Li, Y. X. Liu, X. Gao, C. Fu, X. C. Wang, ChemSusChem, 2015, 8:1189 – 1196.

[22] J. S. Zhang, X. F. Chen, K. Takanabe, K. Maeda, K. Domen, J. D. Epping, X. Z. Fu, M. Antonietti, X. C. Wang, Angew. Chem. Int. Ed. , 2010, 49: 441 – 444.

[23] Y. M. He, J. Cai, T. T. Li, Y. Wu, Y. M. Yi, M. F. Luo, L. H. Zhao, Ind. Eng. Chem. Res. , 2012, 51:14729 – 14737.

[24] G. G. Zhang, M. W. Zhang, X. X. Ye, X. Q. Qiu, S. Lin, X. C. Wang, Adv. Mater. , 2014, 26: 805 – 809.

[25] J. Ding, L. Wang, Q. Q. Liu, Y. Y. Chai, X. Liu, W. – L. Dai, Appl. Catal. B: Environ. , 2015, 176 :91 – 98.

[26] T. Kawahara, Y. Konishi, H. Tada, N. Tohge, J. Nishii, S. Ito, Angew. Chem. Int. Ed. , 2002, 41: 2811 – 2813.

[27] V. Etacheri, M. K. Seery, S. J. Hinder, S. C. Pillai, Chem. Mater. , 2010, 22:

3843 – 3853.

[28] J. S. Zhang, G. G. Zhang, X. F. Chen, S. Lin, L. M hlmann, G. Do e ga, G. Lipner, M. Antonietti, S. Blechert, X. C. Wang, Angew. Chem. Int. Ed. , 2012, 51: 3183 – 3187.

[29] Z. X. Pei, L. Y. Ding, M. L. Lu, Z. H. Fan, S. X. Weng, J. Hu, P. Liu, J. Phys. Chem. C, 2014, 118 : 9570 – 9577.

[30] Y. Pihosh, I. Turkevych, K. Mawatari, T. Asai, T. Hisatomi, J. Uemura, M. Tosa, K. Shimamura, J. Kubota, K. Domen, T. Kitamori, Small, 2014, 10: 3692 – 3699.

第5章

氮化碳光催化材料应用

§5.1 在光催化分解水制氢领域中应用

范乾靖等[1]报道石墨型氮化碳($g-C_3N_4$)聚合物是一种具有合适禁带宽度(2.7eV)的新型非金属有机半导体光催化剂,它具有良好的热稳定性和化学稳定性。在可见光下催化分解水生成 H_2,是直接将太阳能转化为清洁燃料的方法,是解决人类所面临的能源、环境和生态等重大问题的最理想方法。而研发和选择合适的光催化剂又是最关键的一步,迄今已发现很多金属化合物具有催化该反应的能力,但离实际应用还有很大的差距。$g-C_3N_4$因其特殊的价带结构,具有在可见光下催化分解水的潜能。Wang 等[2]在2009 年首次验证了 $g-C_3N_4$ 作为一种非金属光催化剂能在可见光下催化分解水。$g-C_3N_4$ 在可见光的照射下,以铂为共催化剂,三乙醇胺做牺牲剂,可稳定地生成氢气;而当以氧化钌做共催化剂时,可生成氧气。然而光催化氧化水制氧的催化活性比还原制氢低很多,这可能和 $g-C_3N_4$ 的价带位置有关(图 5-1),前者较后者的驱动力低很多。光催化制氢的催化活性非常稳定,多次循环也不衰减,但是其量子产率却很低,在 420~460nm 的光照下仅为0.1%,这是由于光生电子和空穴对快速复合的原因。

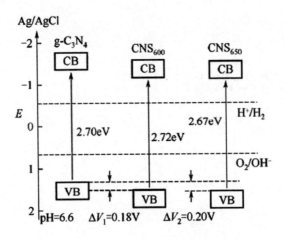

图 5 - 1　g - C₃N₄、CNS₆₀₀ 和 CNS₆₅₀ 的价带结构

（下角标 600 和 650 代表煅烧温度）

之后,大量的研究工作尝试通过不同的方法提高 g - C₃N₄ 的量子产率,如前面已经提到的形貌调控、元素掺杂与其他半导体形成异质结等都可以提高 g - C₃N₄ 光催化还原水制氢的效率。而染料敏化作用也是提高 g - C₃N₄ 光催化效率的一种有效方法。如 Takanabe 等[3] 用酞青镁（MgPc）和 mpg - C₃N₄ 复合制得 MgPc/mpg - C₃N₄,可见光响应范围扩展到 900nm 之外,使其在可见光下催化还原水制氢的效率大为提高,而且在 >600nm 波长的光照下还可以继续产生氢气。最近 Wang 等[4] 用多种染料与 g - C₃N₄ 作用,进一步验证了染料敏化作用可大大提高 g - C₃N₄ 在可见光下催化还原水的效率。如将赤鲜红（ErB）加入反应后,g - C₃N₄ 的最高量子产率在 460nm 可达到 33.4%。

g - C₃N₄ 光催化还原水制氢的效率在通过多种改性方法得到提高时,其光催化氧化水制 O₂ 的效率多数情况下却不能同步提高。然而,Zhang 等[5,6] 用硫介质调控法制备的 CNS 却可以同时提高光催化分解水的两个半反应,这是因为 CNS 的价带位置降低的缘故,如图 5 - 1 所示。又用 Mo₃O₄ 和 CNS 制备 Mo₃O₄/CNS 异质结[7],进一步提高了光催化氧化水制氧的效率,表观量子产率可以达到 1.1%（λ = 420nm）。最近 Lee 等[8] 在此基础上,改用钴基磷酸盐催化剂(CoPi)和 mpg – C_3N_4 复合形成 mpg – C_3N_4 – CoPi,发现所合成的杂相催化剂在光强为 $100mW/cm^2$ 的可见光照射下生成氧气的速率最优可达到 $1mmol/(hg)$,是 mpg – C_3N_4 的 400 倍。

5.1.1 Fe/g – C_3N_4 复合催化剂在光解水产氢中应用

何平等[9-11]发现用荧光素作为光敏剂可以原位光催化还原 Ni^{2+}、Fe^{3+} 至 NiO、FeO 纳米粒子,并伴随着高效产氢。考虑到之前基于 g – C_3N_4 光催化产氢的工作中大多使用 Pt 等贵金属做助催化剂,于是我们尝试用光催化还原的方法将铁纳米粒子负载在 g – C_3N_4 上,结果表明,将铁纳米粒子负载在 g – C_3N_4 上后,催化产氢效率达到 $5.97\mu mol \cdot h^{-1}$,而且新的催化体系光照 48h 后,催化活性没有明显降低。

石墨相氮化碳(g – C_3N_4)具有良好的化学惰性、热稳定性以及生物兼容性等。g – C_3N_4 是一种有机半导体材料,禁带宽度约 2.7eV,具有合适的导带价带位置,在光催化领域有着诱人的应用前景[12]。但是纯的 g – C_3N_4 的光催化产氢效率却很低,需要通过对 g – C_3N_4 本身的改性[13-18]、负载助催化剂等[19-24]方法来提高其光催化效率。Wang 等[13]发现高比表面积的中孔 g – C_3N_4 产氢效果是普通 g – C_3N_4 的 10 倍,其他方法如通过设计合适的多孔结构[19-24],掺杂元素[25-29],与金属耦合等[30-34]均能提高 g – C_3N_4 的光催化性能。但在上述工作中大多使用贵金属铂(Pt)作为助催化剂,这在一定程度上限制了其大规模应用,所以寻找廉价的助催化剂代替 Pt 具有重要意义。染料敏化已成功应用于宽带隙半导体(TiO_2,ZnO 等)催化体系中,使其吸光范围向长波长方向移动[35]。最近,也有一些工作利用染料敏化 g – C_3N_4,成功地提高了其催化活性[36-40]。

5.1.2 催化剂 SiO_2/CNI 在光解水制氢领域中的应用

我们课题组[41]以二氰二胺和碘化铵为前驱体,采用水浴 – 焙烧方法首次制备了 CNI 与 SiO_2 不同质量比的 SiO_2/CNI 复合光催化剂。与 CNI 相比,

CNI/SiO_2复合光催化剂具有更高的活性。当 SiO_2 与 CNI 的质量比为 1∶15 时,SiO_2/CNI 催化剂样品的光解水产氢活性最高,其光解水产氢速率为 88.60mol/h。SiO_2/CNI(1∶15)样品之所以具有高活性主要归因于:适量的 SiO_2 与 CNI 复合可以使光生电子－空穴对的复合得到显著的抑制,使光生电子－空穴对分离效率得到了提高,进而提高了催化剂 SiO_2 与 CNI 的光催化活性;SiO_2 与 CNI 复合使得 SiO_2/CNI 对可见光(200～600nm)吸收能力增强,且其吸收带边向长波方向移动。

5.1.3　催化剂 $DyVO_4/g-C_3N_4I$ 在光解水制氢领域中的应用[42]

以前的研究表明,$g-C_3N_4-$基复合材料可以提高在异质结复合材料界面处光生载流子的分离效率,从而提高光催化性能[43-52]。例如,Dontsova 等[53]开发了一种 SnO_2/氮化碳复合光催化剂,在可见光照射下,导致氮化碳产氢效率得到提高。Yan 等[54]合成了 N 掺杂 $ZnO/g-C_3N_4$ 核壳层催化剂($N/ZnO/g-C_3N_4$),$ZnO/g-C_3N_4$ 降解罗丹明 B(RhB)的可见光催化活性均高于单相 $g-C_3N_4$ 或 N 掺杂 ZnO 催化剂。$DyVO_4$ 具有较窄的带隙能,并且,它在可见光区域内具有较强的吸收能力[55]。此外,$DyVO_4$ 的导带和价带位置与 $g-C_3N_4I$ 的导带和价带位置具有较好的匹配[56,57]。从理论上讲,$DyVO_4$ 与 $g-C_3N_4I$ 耦合能让带获得变窄,以便促进光生电子空穴对分离,因此,$DyVO_4/g-C_3N_4I$ 复合催化剂可能是一个充满希望的高效催化剂。

基于半导体的异质结一直被公认为一种能够有效提高光生载流子分离效率的架构,我们课题组[42]采用简单的加热方法合成了 $DyVO_4/g-C_3N_4I$ 半导体光催化剂。实验结果表明:在所有合成的光催化剂中,具有适当 $DyVO_4$ 质量百分含量的 6.3% $DyVO_4/g-C_3N_4I$ 光催化剂表现出最高的可见光活性;6.3% $DyVO_4/g-C_3N_4I$ 的光催化制氢速率高于 $DyVO_4$ 的 10.6 倍、$g-C_3N_4$ 的4.7 倍、$g-C_3N_4I$ 的 1.7 倍;此外,我们对 6.3% $DyVO_4/g-C_3N_4I$ 的反应机理进行了研究。

§5.2　在光催化降解有机污染物领域中应用

　　光催化降解污染物是一种清洁高效处理有机污染物的方法,而在可见光下实现多种污染物的降解是目前光催化领域研究的难点和热点[58]。Yan等[59,60]用 g – C₃N₄ 在可见光下降解甲基橙(MO)和罗丹明 B(RhB),实验表明,降解 MO 主要是光电子的还原作用,而降解 RhB 则是光生空穴的氧化作用。这说明 g – C₃N₄ 在可见光下既可以通过光生电子还原作用也可以通过光生空穴的氧化作用降解有机污染物。Dong 等[61]用碳自掺杂法和 Liu等[62]用 ZnO 与 g – C₃N₄ 复合法改性后的氮化碳均可以同时催化氧化 RhB 和还原 Cr(Ⅵ),也充分说明了这一点。Cui 等[63]和 Lee 等[64]发现,mpg – C₃N₄ 在可见光下还可降解苯酚和对氯苯酚。最近,Dong 等[65]将甲酸根离子(FA)插入 g – C₃N₄ 的层间,形成 FA – g – C₃N₄ 复合物,将在可见光下催化还原 Cr(Ⅵ)由两步($e + O_2 \longrightarrow \cdot O_2^-$；$\cdot O_2^-$ 还原)变为一步(e 直接还原),反应效率大为提高。原因是 FA 离子一方面可以消耗光生空穴,促进光还原过程;另一方面,FA 离子的插入可提高复合物的表面电势。

　　光催化是解决环境污染的清洁且高效的途径,通过在可见光驱动下光催化氧化降解有机污染物和染料分子等可以用于环保领域。借助掺杂复合等手段构建以 g – C₃N₄ 为主的少用甚至不用金属的新型催化剂,g – C₃N₄ 光催化过程中产生具有强烈氧化性的空穴,能够把大部分有机污染物氧化分解为二氧化碳、水以及其他无害的化合物[66-67]。Zou 等[68-69]以三聚氰胺为前驱体合成出 g – C₃N₄ 并用于甲基橙(MO)的可见光降解,促进其在光催化治理环境污染中的应用;最近,他们又将缺电子的苯四甲酸二酐(PMDA)修饰进 g – C₃N₄ 的网格中,有效降低了其价带位置,调整其能带结构增强光催化氧化能力,增强光催化降解有机污染物活性。

　　Shen 等[70]制备了 Ag/Ag₃PO₄/g – C₃N₄ 三元复合光催化剂,能够扩大可见光吸收范围,并且研究了以罗丹明 B(RhB)作为模型化合物分子的催化剂光催化活性。研究发现：由于 Ag_3PO_4 表面尺寸约为 40nm 的 Ag 纳米粒子在可见光下受激所产生的等离子表面共振效应以及 Ag_3PO_4 与 $g-C_3N_4$ 界面处所形成的类似异质结结构对所制备的三元复合光催化剂光催化活性起到显著增强的作用，Ag_3PO_4 与 $g-C_3N_4$ 界面处所形成的类似异质结结构提高了光生电子和空穴的分离效率以及光生载流子的浓度，使得这种三元复合光催化剂在可见光照射下表现出比 Ag_3PO_4 以及 $Ag_3PO_4/g-C_3N_4$ 二元催化剂更为优异的光催化活性。王珂玮等[71]采用简单溶剂热法成功合成具有高可见光催化活性的 $ZnO/mpg-C_3N_4$ 复合光催化剂，以亚甲基蓝（MB）作为目标降解物对其进行了光催化降解评价实验。由于 ZnO 颗粒较均匀地分散在 $mpg-C_3N_4$ 上，且二者间有效的能级匹配，使光生电子和空穴能够更好地分离，与纯 ZnO 和 $mpg-C_3N_4$ 相比，其光催化降解 MB 活性得到很大提高[72]。

5.2.1　$g-C_3N_4$ 和卤化物复合催化剂在降解有机污染物领域中应用[73]

Bi 系卤氧化物（BiOX）和 Ag 系卤化物（AgX）具有独特的电子结构、优异的光学性能和催化性能，将其与 $g-C_3N_4$ 复合能够有效抑制光生载流子的复合，提高光催化剂的活性。Bi 系卤氧化物（BiOX）具有典型层状结构，在所有的 Bi 系氧化物中，BiOBr 带隙能为 2.75eV，具有很高的催化活性[74,75]。Ye 等[74]在低温下通过一步化学法合成了 $BiOBr/g-C_3N_4$ 复合光催化剂，BiOBr 和 $g-C_3N_4$ 之间能够形成异质结，有利于促进光电荷在其间转移，从而对罗丹明 B（RhB）的降解有很强的催化作用。此外，Sun 等[75]在室温下将 BiOBr 沉积在 $g-C_3N_4$ 纳米片表面合成了 $BiOBr-C_3N_4$ 异质结光催化剂，$BiOBr-C_3N_4$ 异质结构之间紧密连接，并且二者具有错开的能带位置，有效促进了电子转移，从而提高了其光催化活性。如图 5-2 所示，在可见光照射下，BiOBr 和 $g-C_3N_4$ 都会激发产生电子和空穴，$g-C_3N_4$ 纳米片导带上的激发电子会转移至 BiOBr 纳米片的导带，同时 BiOBr 纳米片价带上的空穴会转移至 $g-C_3N_4$ 纳米片的导带，有效促进电子-空穴对的分离。

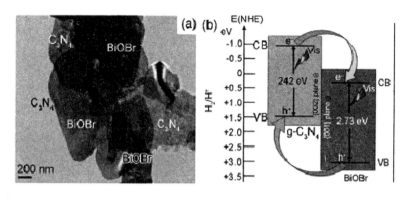

图 5 - 2 （a）BiOBr/C₃N₄异质结的 TEM 图像；（b）BiOBr/C₃N₄异质结的带隙匹配和晶面耦合示意图

BiOI 是典型的 p 型半导体，带隙能较窄（1.78eV），与宽带隙半导体复合可显著提升其光催化性能。Jiang 等[76]将孔状 g - C₃N₄ 和纳米 BiOI 结合合成一种新型 p - n 异质结光催化剂，在光催化反应过程中，孔状 g - C₃N₄ 和纳米 BiOI 同时产生光生载流子，在内电场的作用下，光生电子和空穴反向迁移，有效抑制光生载流子的复合，提高了光催化效率。此外，Lei 等[77]合成了 BiOCl - C₃N₄ 光催化剂，BiOCl 和 g - C₃N₄ 具有协同催化的效果，其对罗丹明 B（RhB）的光催化降解有显著作用，光催化降解速率常数分别为单体 BiOCl 和 g - C₃N₄ 的 3 倍和 44 倍。Ag 系卤化物（AgX）是一种常用的光催化剂[78,79]，具有很高的光催化活性，将其和 g - C₃N₄ 复合可进一步提高 g - C₃N₄ 的光催化能力[80-82]。Lan 等[80]采用化学沉淀法将 AgX（X = Cl，Br，I）原位负载在 g - C₃N₄ 表面，合成了 AgX@ g - C₃N₄ 纳米复合光催化剂，由于 AgBr 比 AgCl 带隙宽带较窄，故 AgBr@ g - C₃N₄ 比 AgCl@ g - C₃N₄ 具有更强的光催化活性。Liu 等[81]则利用超声/化学吸附的方法将 g - C₃N₄ 包裹 AgI 表面合成了 AgI@ - C₃N₄ 核壳光催化剂，该催化剂具有很强的稳定性并可以重复利用，将该催化剂用于光催化降解 MB，MB 在 120min 的降解率可达 99.6%。Xu 等[82]则通过简单的水浴法合成了 AgX/g - C₃N₄ 复合材料，AgX 纳米颗粒均匀分散在 g - C₃N₄ 的表面形成异质结结构，实验表明，AgX 和 g - C₃N₄ 具有协同催化的作用，AgBr/g - C₃N₄ 和 AgI/g - C₃N₄ 对目标污染物甲基橙（MO）

光降解能力分别为 g – C₃N₄的 21 倍和 8 倍。

5.2.2　g – C₃N₄与贵金属复合催化剂在降解有机污染物领域中应用[73]

　　g – C₃N₄和贵金属复合半导体和贵金属复合能够形成紧密的异质结构构,电子可在半导体和金属界面之间直接转移来调整费米能级,故半导体 – 金属复合光催化可以有效抑制光生载流子重新复合,进一步提高光催化性能。此外,贵金属光催化剂具有表面等离子共振(SPR)的特性,能够和 g – C₃N₄产生协同催化作用,有效提高复合物的可见光利用率[83-86]。因此,g – C₃N₄和贵金属复合光催化剂被广泛应用于光催化领域[87,88]。Di 等[83]首次采用沉积 – 沉淀法将金属 Au 纳米颗粒沉积在 g – C₃N₄表面,Au 和 g – C₃N₄之间形成紧密的异质结构,加速电子在两者界面间转移,提高了其光催化产氢能力。除此之外,Cheng 等[87]研究证实 Au 纳米颗粒(AuNPS)修饰 g – C₃N₄对 MO 的光催化降解有超强的催化作用,uNPS 修饰后 g – C₃N₄在 150min 内可将 MO 降解 92.6%。贵金属 Ag 也是常用的光催化剂,例如,Zhu 及其合作者[88]以甲醇为溶剂、回流法合成了具有核壳结构的 Ag@ C₃N₄纳米复合材料,如图 5 – 3(a)和图 5 – 3(b)的 TEM 图片所示,制备出的 C₃N₄壳厚度为 60 ~ 80nm,Ag 纳米粒子直径为 5 ~ 15nm,两者结合紧密。在可见光照射下,C₃N₄激发产生电子和空穴,Ag@ C₃N₄具有核壳结构,能够使光生电子由 C₃N₄电子层传递至 Ag 核,抑制电子和空穴的再复合。与此同时,激发的光生电子与水中的 O₂反应生成·O₂⁻,光生空穴则与 C₃N₄壳表面的 OH⁻发生氧化反应生成·OH,最后,·O₂⁻和·OH 作为活性种参与污染物的降解和光解水制氢反应[图 5 – 3(c)]。贵金属 Pt 和 g – C₃N₄复合也有报道[89,90]。Shiraishi 等[90]在 673K 下采用氢气还原的方法制备了 Pt – g – C₃N₄光催化剂,高温处理过以后,Pt 和 g – C₃N₄产生很强的相互作用,有助于光生电子顺利转移至 Pt 颗粒,从而抑制光生电子和空穴的再复合,提高了复合物可见光水解制氢的活性。Li 等[89]则通过溶液浸渍法成功地将 Pt、Pd、Au 纳米颗粒修饰在 g – C₃N₄表面,g – C₃N₄和贵金属之间产生协同作用,触发光解水反应

生成 H_2,同时产生的 H_2 用于 4 - 硝基苯酚还原制备 4 - 氨基苯酚,起到一个串联催化的效果。

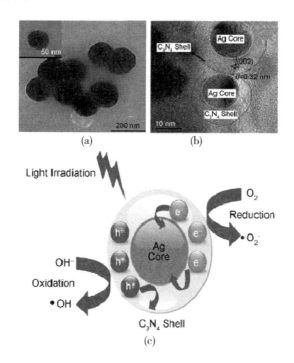

图5-3 (a)Ag@C3N4-10wt%的 TEM 图像;(b)Ag@C3N4-
0.5wt%的 HRTEM 图像;(c)Ag@C3N4 可见光照射下的电荷分离和光
催化过程机理图

5.2.3 g - C$_3$N$_4$与其他材料复合催化剂在降解有机污染物领域中应用[73]

g - C$_3$N$_4$其他物质复合最近,研究人员将 g - C$_3$N$_4$和聚合物复合制备出一系列具有高催化活性的复合物光催化剂[91-94]。Xing 等[91]将聚(3,4 - 亚乙二氧基噻吩)(PEDOT)和金属 Pt 共同负载在 g - C$_3$N$_4$表面,显著提高了复合物在可见光下的制氢催化活性。PEDOT 是一种具有强导电性的聚合物,可有效传输 g - C$_3$N$_4$导带上的空穴,金属 Pt 具有很强的电子传输能力,这种特殊的复合物结构抑制了光生电子 - 空穴对的再复合。当 PEDOT 和

Pt 质量比分别占 g – C₃N₄ – PEDOT – Pt 复合物的 2wt% 和 1wt% 时,复合光催化制氢的速率可达 32.7μmol·h⁻¹,是 g – C₃N₄ – Pt 复合光催化剂的 4 倍。He 等[92]则通过一步法将 g – PAN 和 g – C₃N₄复合,制备了 g – PAN – g – C₃N₄复合光催化剂,g – PAN 具有类似石墨的层状结构,能够作为电子传输媒介,抑制光生载流子的复合。另外,g – PAN 和 g – C₃N₄都是层状结构的聚合物,二者复合可有效增大接触面积从而缩短电子转移的时间和距离,进一步提高复合物的光解水制氢活性。Chen 等[93]将多巴胺在三聚氰胺表面原位聚合,通过碳化、热缩合过程首次合成了 C – PDA – g – C₃N₄复合物,该复合光催化剂具有很高的结晶度和很强的光催化能力,其在可见光下(λ > 400nm)的产氢速率最高可达单体 g – C₃N₄的 9 倍。李宪华等[94]通过界面聚合法将聚苯胺(PANI)纳米棒生长在 g – C₃N₄片层上,制备了 PANI/g – C₃N₄复合光催化剂,复合材料中 g – C₃N₄很好的分散成层状,并在层间与 PANI 纳米棒形成复合物。该结构既有利于 g – C₃N₄对 PANI 链段运动进行限制,同时可对其降解产物进行物理屏蔽,有效提高了复合材料的热稳定性,使其具有优越的可见光催化性能。

　　近年来,多元复合物光催化剂也引起了研究者们的广泛关注。Cao 等[95]采用沉积 – 沉淀法合成了 Ag/AgBr/g – C₃N₄三元复合光催化剂,其光催化降解 MO 效果显著。刘建新等[96]利用离子交换沉淀法制备了 Ag/Ag₃PO₄/g – C₃N₄复合光催化剂,单质 Ag、Ag₃PO₄及 g – C₃N₄之间具有协同效应,复合物在可见光下对苯酚的降解催化效果明显,此外,该催化剂可通过氧化氢和磷酸氢铵钠恢复活性,是一种绿色环保的可再生方法。Zhang 等[97]则通过自组装的方法合成了 g – C₃N₄/Au/P₃HT/Pt 多元复合异质结光催化剂,由于 Au 和 P₃HT 之间形成紧密的异质结构,促进了光生电子 – 空穴对的分离,其在可见光(λ > 420nm)下的光催化产氢速率最高可达 320μmol·h⁻¹。Lu 等[98]则合成了 g – C₃N₄/BiOI/grapheneoxide 复合光催化剂,其中,氧化石墨烯和 g – C₃N₄(GO/g – C₃N₄)以及氧化石墨烯和 BiOI(GO/BiOI)分别会形成异质结界面,能够使 g – C₃N₄导带上的电子顺利转移至 BiOI,抑制光生电子 – 空穴对的再复合,从而提高复合物的光催化活性。

§5.3 在其他领域中应用

g-C₃N₄ 材料在高硬度、耐磨损、低摩擦系数和导热性等方面与世界上最硬的天然物质金刚石十分接近,是一种新型超硬薄膜材料,可作为各种工业产品和特种机件的表面抗磨损涂层和抗高温高压层,使产品经久耐用,使用寿命延长。并且 g-C₃N₄ 没有金刚石的缺点,金刚石涂层刀具在空气中使用超过 700℃,金刚石薄膜即被氧化生成 CO_2 而被烧蚀。金刚石刀具加工铁基材料时,容易与铁发生化学反应,因而它不能加工钢材。而将 g-C₃N₄ 这种超硬涂层应用于金属切削刀具,用来加工不锈钢、耐热钢、球墨铸铁、钛合金等难加工材料,可以大大提高刀具的耐用度和加工精度。武汉理工大学物理系制备的 g-C₃N₄ 涂层麻花钻平均寿命是 TiN 涂层麻花钻平均寿命的 2.7 倍,是未涂层麻花钻平均寿命的 67.8 倍,很适合目前的机械制造行业对难加工材料的技术需求,具有很高的使用价值[99,100]。近年来,g-C₃N₄ 由于其特殊的半导体特性,以及在水溶液中(pH 值 = 0~14)的高稳定性和无毒、易制备等特点,被作为新型的无金属催化剂应用于催化反应中。包括有机反应[101]、降解有机染料[102]、光解水制氢[103]。缩聚程度较高的 g-C₃N₄(550℃)的光谱带宽为 2.7eV,在可见光区有吸收,远远高于水的理论分解值。另外,g-C₃N₄ 的带系结构表明,导带下端的电势低于 H^+/H_2 电对的电势,而价带上端的电势高于 O_2/H_2O 电对的电势。2009 年,Wang 等首次采用由热解单氰胺制备的 g-C₃N₄ 在可见光下($\lambda > 420$nm)分解水制氢。此外,g-C₃N₄ 材料可应用于高科技领域,如军事领域,可应用于超音速导弹的整流罩中,能提高导弹的抗热震能力;应用于光电对抗防护材料,对保护光学武器装备具有重要意义。在航天领域,g-C₃N₄ 材料可替代目前在超高真空中使用的二硫化钼等固体润滑材料,不但可降低成本,提高其工作可靠性,还可利用 g-C₃N₄ 良好的导电性能作为卫星内部传热部件的涂层。由于 g-C₃N₄ 材料的制备原料价格便宜,制备工艺过程也不是十分复杂,并且具有众多的优良特性;因此,g－C_3N_4材料的研究对国防科技工业和军事技术的发展有着决定性的意义。

黄艳等[104]报道了g－C_3N_4/$BiVO_4$复合催化剂的制备及应用于光催化还原CO_2的性能。他们用简单的超声分散法合成了具有可见光响应的类石墨氮化碳(g－C_3N_4)/$BiVO_4$复合光催化剂。采用X射线衍射(XRD),X射线光电子能谱(XPS),扫描电子显微镜(SEM),透射电子显微镜(TEM),紫外－可见(UV－Vis)分光光谱,傅里叶红外变换(FTIR)光谱,荧光发射谱(PL)和光电流响应等技术对所制备催化剂进行相关表征。通过可见光下(λ>420nm)光催化还原CO_2的性能来评价样品的光催化活性,发现不同复合比的催化剂中,含40%(w)g－C_3N_4的复合催化剂表现出最高的光催化活性,其催化活性分别为纯g－C_3N_4纳米片和纯$BiVO_4$的催化活性的2倍和4倍。光催化活性增加的主要原因是g－C_3N_4和$BiVO_4$之间形成了异质结,且相互间能级匹配,有利于光生电子和空穴的分离。近年来,由于大量燃烧和使用化石燃料引起的"温室效应"与能源危机,半导体光催化还原CO_2转化为高附加值的碳氢化合物引起了极大的关注。Inoue等[105]早在1979年就发现TiO_2等半导体在光照下能将CO_2还原为HCHO和CH_3OH。同时,他们还指出光催化还原CO_2为HCOOH、HCHO、CH_3OH和CH_4的过程分别需要2e、4e、6e和8e,对应的还原电势分别为－0.61V、－0.48V、－0.38V和－0.24V。因此,用于光催化还原CO_2的半导体催化剂必须具有比CO_2还原电势更负的导带能级,才能将CO_2还原为碳氢化合物。在过去的几十年里,为了开发高效光催化体系,研究人员已尝试用不同的半导体来催化还原CO_2,如TiO_2,ZnS,Bi_2WO_6,$InTaO_4$和$ZnGa_2O_4$等[106-110]。然而,由于电子－空穴对的高复合率,单一的光催化剂的催化效率通常较低。而且有些催化剂由于其禁带宽度较宽,只在紫外光下显示出催化活性,这就大大限制了其应用。为了解决这些问题,研究人员探索了一系列提高催化效率的方法,包括贵金属沉积、离子掺杂和半导体复合等[111-113]。在这几种方法中,半导体复合吸引了更多的关注,这是由于两种半导体间形成的异质结有利于电子和空穴的分离,从而提高光催化效率[114,115]。由于$BiVO_4$体相材料的导带能

级低于 H_2O 的还原电势[0V(vsNHE)],因此 $BiVO_4$ 通常用于析氧反应和光降解反应。然而,用不同方法合成的 $BiVO_4$ 纳米材料的导带能级发生上移,从而使其能用于光催化还原 CO_2。例如,Mao 等[116]用表面活性剂辅助水热法合成了层状的 $BiVO_4$,并用于光催化还原 CO_2。催化实验显示 $BiVO_4$ 在可见光照射下能选择性生成甲醇。此外,一系列的改性方法也可增加 $BiVO_4$ 的光催化活性,如贵金属沉积(Au – $BiVO_4$)、离子掺杂(Mo – $BiVO_4$)和半导体复合(BiOBr – $BiVO_4$)等[117 - 119]。

我们课题组以二氰二胺为原料,采用热缩聚法制备 g – C_3N_4 光催化剂。再用 98% 的 H_2SO_4 溶液和 $K_2Cr_2O_7$ 固体两者混合的强氧化剂制备化学氧化 g – C_3N_4。制备 g – C_3N_4 光催化剂:称取二氰二胺 6.0g 一份。置于清洗干净的坩埚中,,将其于550℃马弗炉中焙烧4h。焙烧之后于玛瑙研体中研磨,然后装入袋子中密封好,即得 g – C_3N_4 光催化剂固体粉末(Bulkg – C_3N_4)。

合成化学氧化 g – C_3N_4 光催化剂:用 100mL 量筒量取浓度为 98% 的 H_2SO_4 溶液 100mL 于 250mL 的烧杯中,称取 $K_2Cr_2O_7$ 固体20g 加入上述 H_2SO_4 溶液中,然后立刻使用磁力搅拌器搅拌,在混合溶液颜色变为棕色,称取制备的 g – C_3N_4 光催化剂粉末 1g 倒入混合溶液中,搅拌 2h 至室温。将冷却的混合物慢慢地倒入 800mL 蒸馏水中,冷却至室温。之后再将所得液体在高速冷冻离心机中离心(6000rpm),得到淡黄色固体,将所得固体多次抽滤清洗去除残留的酸后制得白色固体,然后将白色固体在超声波清洗器中降解2h得到乳白色液体,然后把得到的乳白色液体离心(3000rpm) 去除不分散的 g – C_3N_4,将上清液在数显恒温水浴锅中80℃恒温蒸发干燥得淡黄色固体,淡黄色固体即为化学氧化 g – C_3N_4 光催化剂,于透明小袋中密封保存。

以罗丹明 B(RhB) 为模拟污染物,对制备样品的光催化降解染料污染物的性能进行了研究。相比于体相氮化碳,化学氧化 g – C_3N_4 具有更多的反应活性位。实验结果表明在光反应进行到 60min 时:①在 550℃ 下煅烧二氰二胺制备的 g – C_3N_4 具有较高的催化活性,罗丹明 B(RhB) 的降解率50.4% ;②当 g – C_3N_4 经过氧化处理后得到的化学氧化 g – C_3N_4 的光催化活性得到显著提高,罗丹明 B(RhB) 的降解率93.42% 。

　　石墨相氮化碳作为一种新型的光催化剂,虽然其在紫外光和可见光激发作用下具有较好的光催化活性,但是,石墨相氮化碳与其他光催化材料之间进行改性依然存在较多关键的科学技术问题,这将抑制其工业化推广应用,将需要从三个方面进一步深入研究:(1)继续采用多种手段共同改性 $g-C_3N_4$ 光催化剂。例如,将共聚合法与纳米结构调控相结合,一方面可以优化材料的化学组成和调控其半导体能带结构,另一方面可以控制材料的纳米结构和表面形貌,改善多项光催化反应中的动力学过程。(2)进一步拓展 $g-C_3N_4$ 在光催化领域,特别是在有机选择性光合成和 CO_2 光催化还原中的应用。 $g-C_3N_4$ 独特的半导体能带结构和有机半导体的材料特性,使其非常适合作为光催化剂应用于有机官能团的选择性转化和 CO_2 的还原固定。(3) $g-C_3N_4$ 光催化全解水的研究。理论计算和实验研究表明, $g-C_3N_4$ 具有合适的导带和价带,可以作为全解水的光催化剂。因此,筛选和设计合适的产氢、产氧助催化剂对 $g-C_3N_4$ 进行表面修饰,优化化学反应动力学过程,有望实现 $g-C_3N_4$ 的光催化全解水。

参考文献

[1]范乾靖,刘建军,于迎春,等. 新型非金属光催化剂——石墨型氮化碳的研究进展[J]. 化工进展,2014,33(5):1185 – 1194.

[2]Wang X,Maeda K,Thomas A,et al. A metal – free polymeric photocatalyst for hydrogen production from water under visible light[J]. Nature Materials,2009,8(1):76 – 80.

[3]Takanabe K,Kamata K,Wang X,et al. Photocatalytic hydrogen evolution on dye-sensitized mesoporous carbon nitride photocatalyst with magnesium hthalocyanine[J]. Physical Chemistry Chemicaln Physics,2010,12(40):13020 – 13025.

[4]Wang Y,Hong J,Zhang W,et al. Carbon nitride nanosheets for photocatalytic hydrogen evolution:Remarkably enhanced activity by dye sensitization[J]. Catalysis Science & Technology,2013,3(7):1703 – 1711.

[5]Zhang J,Sun J,Maeda K,et al. Sulfur - mediated synthesis of carbon nitride : Band - gap engineering and improved functions for photocatalysis[J]. Energy & Environmental Science,2011,4(3):675 - 678.

[6]Zhang J,Zhang M,Zhang G,et al. Synthesis of carbon nitride semiconductors in sulfur flux for water photoredox catalysis[J]. ACS Catalysis,2012,2 (6):940 - 948.

[7]Zhang J,Grzelczak M,Hou Y,et al. Photocatalytic oxidation of water by polymeric carbon nitride nanohybrids made of sustainable elements[J]. Chemical Science,2012,3(2):443 - 446.

[8]Lee R,Tran P D,Pramana S S,et al. Assembling graphitic - carbon - nitride with cobalt - oxide - phosphate to construct an efficient hybrid photocatalyst for water splitting application[J]. Catalysis Science & Technology,2013,3(7): 1694 - 1698.

[9]何 平,陈 勇,傅文甫. 可见光驱动制备 Fe/g - C$_3$N$_4$ 复合催化剂及其产氢研究[J]. 分子催化,2016,30(3):269 - 275.

[10]Wang C J,Cao S,Fu W F,et al. Photoreduction of iron(Ⅲ)to iron (0) nanoparticles for simultaneous hydrogen evolution in aqueous solution[J]. Chem Sus Chem,2014,7(7):1924 - 1933.

[11]Sasaki S,Nakamura K,Hamabe Y,et al. Production of iron nanoparticles by laserirradiation in a simulation of lunar-like space weathering [J]. Nature,2001,410(7599):555 - 557.

[12]Wang X C,Kazunari D,Markus A,et al. A metal - free polymeric photocatalyst for hydrogen production from water under visible light [J]. Nat Mater, 2009,8(1):76 - 80.

[13]Wang X C,Fu X Z,Markus A,et al. Polymer semiconductors for artificial photosynthesis:Hydrogen evolution by mesoporous graphitic garbon nitride with visible light[J]. J Am Chem Soc,2009,131(5):1680 - 1681.

[14]Zhang J S,Markus A,Wang X C,et al. Synthesis of a carbon nitride

structure for visible – light catalysis by co – polymerization [J]. Angew Chem,Int Ed,2010,49(2):441 –444.

[15]Zhang Y J,Markus A,Wang X C,et al. Activation of carbon nitride solids by protonation:Morphology changes,enhanced ionic conductivity,and photoconduction experiments [J]. J Am Chem Soc,2009,131(1):50 –51.

[16]Chen X F,Markus A,Wang X C,et al. Fe – g – C$_3$N$_4$ – catalyzed oxidation of benzene to phenol using hydrogen peroxide and visible light [J]. J Am Chem Soc,2009,131(33):11658 –11659.

[17]Guo Y,Wang Y,Zou Z G,et al. Developing a polymeric semiconductor photocatalyst with visible light response[J]. Chem Commun,2010,46(39):7325 –7327.

[18]Han Q,Wang B,Qu L,et al. A graphitic-C3N4 "Sea-weed" architecture for enhanced hydrogen evolution [J]. Angew Chem Int Ed,2015,DOI:10. 1002/ ange. 201504985.

[19]Li X,Ren H,Liu Z,et al. Energy gap engineering of polymeric carbon nitride nanosheets for matching with NaYF$_4$:Yb,Tm:enhanced visible-near infrared photocatalytic activity [J]. Chem Commun,2016,52(3):453 –456.

[20]Indra A,Menezes P W,Driess M,et al. Nickel as a co-catalyst for photocatalytic hydrogen evolution on graphitic-carbon nitride(sg – CN):what is the nature of the active species[J]. Chem Commun,2016,52(1):104 –107.

[21]Zhao H,Dong Y,Zhang J,et al. In situ light – assistedpreparation of MoS$_2$ on graphitic C$_3$N$_4$ nanosheets for enhanced photocatalytic H$_2$ production from water [J]. J Mater Chem A,2015,3(14):7375 –7381.

[22]Xia X,Deng N,Tang B,et al. NIR light induced H$_2$ evolution by a metal-free photocatalyst [J]. Chem Commun,2015,51(54):10899 –10902.

[23]Liu G,Wang T,Ye J,et al. Nature-inspired environmental "phosphorylation" boosts photocatalytic H$_2$ production over carbon nitride nanosheets under visible-light irradiation [J]. Angew Chem Int Ed,2015,54(36):13561 –13565.

［24］Zhao Y,Zhao F,Qu L,et al. Graphitic carbon nitride nanoribbons:Graphene – assisted formation and synergic function for highly efficient hydrogen evolution［J］. Angew Chem Int Ed,2014,53(50):13934 – 13939.

［25］Wang Y,Wang X C,Li H R,et al. Boron – and fluorine – containing mesoporous carbon nitride polymers:Metal – free catalysts for cyclohexane oxidation［J］. Angew Chem,Int Ed,2010,122(19):3428 – 3431.

［26］Zhang Y J,Ye J H,Markus A,et al. Phosphorus – doped carbon nitride solid:enhanced electrical conductivity and photocurrent generation［J］. J Am Chem Soc,2010,132(18):6294 – 6295.

［27］Liu G,Niu P,Cheng H M,et al. Unique electronic structure induced high photoreactivity of sulfur – doped graphitic C_3N_4［J］. J Am Chem Soc,2010, 132(33):11642 – 11648.

［28］Wang Y,Di Y,Wang X C,et al. Excellent visible – light photocatalysis of fluorinated polymeric carbon nitride solids［J］. Chem Mater,2010,22(18): 5119 – 5121.

［29］Yan S C,Li Z S,Zou Z G. Photodegradation of rhodamine B and methyl orange over boron – doped g – C_3N_4 under visible light irradiation［J］. Langmuir, 2010,26(6):3894 – 3901.

［30］Wang X C,Fu X Z,Markus A,et al. Metal – containing carbon nitride compounds:A new functional organic – metal hybrid material［J］. Adv Mater, 2009,21(16):1609 – 1612.

［31］Di Y,Wang X C,Markus A,et al. Making metal – carbon nitride heterojunctions for improved photocatalytic hydrogen evolution with visible light［J］. Chem Cat Chem,2010,2(7):834 – 838.

［32］马琳,康晓雪,王菲,等. Fe – P 共掺杂石墨相氮化碳催化剂可见光下催化性能研究［J］. 分子催化,2015,29(4):359 – 368.

［33］Zhang G G,Lan Z A,Wang X C,et al. Overall water splitting by Pt/g – C_3N_4 photocatalysts without using sacrificial agent［J］. Chem Sci,2016,Accepted Manuscript. DOI:10. 1039/C5SC04572J.

[34]Li X G,Wu C Z,Xie Y,et al. Single – atom Pt as co – catalyst for enhanced photocatalytic H_2 evolution [J]. Adv Mater,2016,28(12):2427 – 2431.

[35]Anders H,Gerrit B,Henrik P,et al. Dye – sensitized solar cells [J]. Chem Rev,2010,110(11):6595 – 6663.

[36]Min S X,Lu G X. Enhanced electron transfer from the excited Eosin Y to mpg – C_3N_4 for highly efficient hydrogen evolution under 550nm irradiation [J]. J Phys Chem C,2012,116(37):19644 – 19652.

[37]Wang Y B,Hong J D,Xu R,et al. Carbon nitride nanosheets for photocatalytic hydrogen evolution:remarkably enhanced activity by dye sensitization [J]. Catal Sci Technol,2013,3(7):1703 – 1711.

[38]Kazuhiro T,Kumiko K,Kazunari D,et al. Photocatalytic hydrogen evolution on dye – sensitized mesoporous carbon nitride photocatalyst with magnesium phthalocyanine[J]. Phys Chem Chem Phys,2010,12(40):13020 – 13025.

[39]Yu J,Wang S H,Huang F,et al. Noble metal – free $Ni(OH)_2$ – g – C_3N_4 composite photocatalyst with enhanced visible – light photocatalytic H2 – production activity [J]. Catal Sci Technol,2013,3(7):1782 – 1789.

[40]Zhang X,Yu L,Li X,et al. Highly asymmetric phthalocyanine as a sensitizer of graphitic carbon nitride for extremely efficient photocatalytic H_2 production under nearinfrared light [J]. ACS Catal,2014,4(1):162 – 170.

[41]崔玉民,师瑞娟,李慧泉,等. 催化剂 SiO_2/CNI 的制备及其在光解水制氢领域中的应用[J]. 发光学报,2016,33(1):7 – 12

[42]Huiquan Li,Yuxing Liu,Yumin Cui,et al. Facile synthesis and enhanced visible – light photoactivity of $DyVO_4$/g – C_3N_4I composite semiconductors[J]. Applied Catalysis B:Environmental,2016,183: 426 – 432.

[43]S. – W. Cao,Y. P. Yuan,J. Barber,S. C. J. Loo,C. Xue,Appl. Surf. Sci.,2014,319:344 – 349.

[44]S. M. Wang,D. L. Li,C. Sun,S. G. Yang,Y. Guan,H. He,Appl. Catal. B:En-

viron. ,2014,144: 885 - 892.

［45］Y. Z. Hong, Y. H. Jiang, C. S. Li, W. Q. Fan, X. Yan, M. Yan, W. D. Shi, Appl. Catal. B:Environ. ,2016,180:663 - 673.

［46］S. W. Cao,J. G. Yu,J. Phys. Chem. Lett. ,2014,5: 2101 - 2107.

［47］Y. - P. Zhu, M. Li, Y. - L. Liu, T. - Z. Ren, Z. - Y. Yuan, J. Phys. Chem. C,2014,118:10963 - 10971.

［48］H. Q. Li, Y. X. Liu, X. Gao, C. Fu, X. C. Wang, ChemSusChem, 2015, 8: 1189 - 1196.

［49］J. S. Zhang, M. W. Zhang, R. Q. Sun, X. C. Wang, Angew. Chem. Int. Ed. ,2012,51:10145 - 10149.

［50］L. Ge, C. C. Han, J. Liu, Appl. Catal. B: Environ. , 2011, 108 - 109: 100 - 107.

［51］S. Kumar, T. Surendar, A. Baruah, V. Shanker, J. Mater. Chem. A,2013,1 : 5333 - 5340.

［52］H. G. Kim, P. H. Borse, W. Y. Choi, J. S. Lee, Angew. Chem. , 2005, 117 :4661 - 4665.

［53］Ch. Fettkenhauer, G. Clavel, K. Kailasam, M. Antonietti, D. Dontsova, Green Chem. 2015,17 : 3350 - 3361.

［54］S. Kumar, A. Baruah, S. Tonda, B. Kumar, V. Shanker, B. Sreedhar, Nanoscale,2014,6:4830 - 4842.

［55］Y. M. He,L. H. Zhao, Y. J. Wang,H. J. Lin,T. T. Li,X. T. Wu,Y. Wu, Chem. Eng. J. ,2011,169: 50 - 57.

［56］G. G. Zhang, M. W. Zhang, X. X. Ye, X. Q. Qiu, S. Lin, X. C. Wang, Adv. Mater. ,2014,26:805 - 809.

［57］Q. Han, C. G. Hu, F. Zhao, Z. P. Zhang, N. Chen, L. T. Qu, J. Mater. Chem. A,2015,3 :4612 - 4619.

［58］范乾靖,刘建军,于迎春,等. 新型非金属光催化剂——石墨型氮化碳的研究进展［J］. 化工进展,2014,33(5):1185 - 1194.

[59]Yan S C,Li Z S,Zou Z G. Photodegradation performance of g – C₃N₄ fabricated by directly heating melamine[J]. Langmuir,2009,25(17):10397 – 10401

[60]Yan S C,Li Z S,Zou Z G. Photodegradation of rhodamine B and methyl orange over boron – doped g – C₃N₄ under visible light irradiation[J]. Langmuir, 2010,26(6):3894 – 3901.

[61]Dong G,Zhao K,Zhang L. Carbon self – doping induced high electronic conductivity and photoreactivity of g – C₃N₄[J]. Chemical Communications, 2012,48(49):6178 – 6180.

[62]Liu W,Wang M,Xu C,et al. Facile synthesis of g – C₃N₄/ZnO composite with enhanced visible light photooxidation and photoreduction properties [J]. Chemical Engineering Journal,2012,209:386 – 393.

[63]Cui Y,Huang J,Fu X,et al. Metal – free photocatalytic degradation of 4 – chlorophenol in water by mesoporous carbon nitride semiconductors[J]. Catalysis Science & echnology,2012,2(7):1396 – 1402.

[64]Lee S C,Lintang H O,Yuliati L. A urea precursor to synthesize carbon nitride with mesoporosity for enhanced activity in the photocatalytic removal of phenol[J]. Chemistry – An Asian Journal,2012,7(9):2139 – 2144.

[65]Dong G,Zhang L. Synthesis and enhanced Cr(VI) photoreduction property of formate anion containing graphitic carbon nitride[J]. The Journal of Physical Chemistry C,2013,117(8):4062 – 4068.

[66]Ye S,Qiu L G,Yuan Y P,et al. Facile fabrication of magnetically separable graphitic carbon nitride photocatalysts with enhanced photocatalytic activity under visible light[J]. Journal of Materials Chemistry A,2013,1(9):3008 – 3015.

[67]Zhang J,Hu Y,Jiang X,et al. Design of a direct Z – scheme photocatalyst:Preparation and characterization of Bi₂O₃/g – C₃N₄ with high visible light activity[J]. Journal of hazardous materials,2014,280:713 – 722.

［68］Yan S C,Li Z S,Zou Z G. Photodegradation performance of g – C$_3$N$_4$ fabricated by directly heating melamine［J］. Langmuir,2009,25（17）: 10397 – 10401.

［69］Chu S,Wang Y,Guo Y,et al. Band structure engineering of carbon bitride:in search of a polymer photocatalyst with high photooxidation property［J］. ACS Catalysis,2013,3(5):912 – 919.

［70］Shen K,Gondal M A,Siddique R G,et al. Preparation of ternary Ag/ Ag$_3$PO$_4$/g – C$_3$N$_4$ hybrid photocatalysts and their enhanced photocatalytic activity driven by visible light［J］. Chinese Journal of Catalysis,2014,35(1):78 – 84.

［71］王珂玮,常建立,任铁真,等. ZnO/mpg—C$_3$N$_4$复合光催化剂的制备及其可见光催化性能[J].石油学报（石油加工）,2014,30(2):353 – 358.

［72］苗阳森,卢春山,李小年. 石墨相氮化碳材料及其光催化应用[J].浙江化工,2016,47(2):39 – 45.

［73］徐建华,谈玲华,寇波,等. 类石墨相 C$_3$N$_4$光催化剂改性研究[J].化学进展,2016,28(1):131 – 148.

［74］Ye L,Liu J,Jiang Z,Peng T,Zan L. Appl. Catal. B:Environ. ,2013, 142:1.

［75］Sun Y,Zhang W,Xiong T,Zhao Z,Dong F,Wang R,Ho W. J. Colloid Interf. Sci,2014,418:317.

［76］Jiang D,Chen L,Zhu J,Chen M,Shi W,Xie J. Dalton Trans. ,2013, 42:15726.

［77］Lei L,Jin H,Zhang Q,Xu J,Gao D,Fu Z. Dalton Trans. ,2015, 44:795.

［78］Fan Y,Ma W,Han D,Gan S,Dong X,Niu L. Adv. Meter. ,2015, 27:3767.

［79］Shi H,Li G,Sun H,An T,Zhao H,Wong P. Appl. Catal. B:Environ. , 2014,158:301.

［80］Lan Y,Qian X,Zhao C,Zhang Z,Chen X,Li Z. J. Colloid Interface

Sci. ,2013,395:75.

[81]Liu L,Qi Y,Yang J,Cui W,Li X,Zhang Z. Appl. Surf. Sci. ,2015,doi:10. 1016/j. apsusc. 2015. 07. 212.

[82] Xu H, Yan J, Xu Y, Song Y, Li H, Xia J, Huang C, Wan H. Appl. Catal. B:Environ. ,2013,129:182.

[83]Di Y,Wang X,Thomas A,Antonietti M. ChemCatChem,2010,2:834.

[84]Kamat P V. J. Phys. Chem. Lett. ,2012,3:663.

[85]Lee K,Hahn R,Alomarf M,Seli E,Schmuki P. Adv. Mater. ,2013,25:6133.

[86] Mubeen S, Lee J, Singh N, Kramer S, Stucky G D, Moskovits M. Nat. Nanotechnol. ,2013,8(4):247.

[87]Cheng N,Tian J,Liu Q,Ge C,Qusti A H,Asiri A,Al – Youbi A O,Sun X. ACS Appl. Mater. Interfaces,2013,5:6815.

[88]Bai X,Zong R,Li C,Liu D,Liu Y,Zhu Y. Appl. Catal. B:Environ. ,2014,147:82.

[89]Li X,Wang X,Antonietti M. Chem. Sci. ,2012,3:2170.

[90]Shiraishi Y,Kofuji Y,Kanazawa S,Sakamoto H,Ichikawa S,Tanaka S,Hirai T. Chem. Commun. ,2014,50:15255.

[91]Xing Z,Chen Z,Zong X,Wang L. Chem. Commun. ,2014,50:6762.

[92] He F, Chen G, Yu Y, Hao S, Zhou Y, Zheng Y. ACS Appl. Mater. Interfaces,2014,6:7171.

[93]He F,Chen G,Yu Y,Zhou Y,Zheng Y,Hao S. Chem. Commun. ,2015,51:6824.

[94]李宪华,张雷刚,王雪雪,等. 物理化学学报,2015,31(4):764.

[95] Cao J, Zhao Y, Lin H, Xu B, Chen S. Mater. Res. Bull. , 2013,48:3873.

[96]刘建新,王韵芳,王雅文,等. 物理化学学报,2014,30(4):729.

[97]Zhang Y,Mao F,Yan H,Liu K,Cao H,Wu J,Xiao D. J. Mater. Chem. A,

2015,3:109.

[98]Dai K,Lu L,Liang C,Zhu Q,Liu Q,Geng L,He J. Dalton Trans.,2015,44:7903.

[99]梁小蕊,江炎兰,孔令燕,等. 氮化碳(C_3N_4)材料的合成及应用研究进展[J].新技术新工艺,2013,(1):88－90.

[100]吴大维,曾昭元,刘传胜,等. 高速钢镀氮化碳超硬涂层及其应用研究[J]. 核技术,2003,26(4):279－283.

[101]Thomas A,Fischer A,Goettmann F,et al. J. Mater. Chem,2008,18:4893－4908.

[102]Yan S C,Li Z S,Zou Z G. Langmuir,2009,25(17):10397－10401.

[103]Wang X C,Maeda K. A Nat. Mater,2009(8):76－79.

[104]黄艳,傅敏,贺涛.$g-C_3N_4/BiVO_4$复合催化剂的制备及应用于光催化还原CO_2的性能[J].物理化学学报,2015,31(6),1145－1152.

[105]Inoue,T.;Fujishima,A.;Konishi,S.;Honda,K. Nature 1979,277,637.

[106]Yaghoubi,H.;Li,Z.;Chen,Y.;Ngo,H. T.;Bhethanabotla,V. R.;Joseph,B.;Ma,S. Q.;Schlaf,R.;Takshi,A. ACS Catal. 2015,5,327.

[107]Fujiwara,H.;Hosokawa,H.;Murakoshi,K.;Wada,Y.;Yanagida,S. Langmuir 1998,14,5154.

[108]Zhou,Y.;Tian,Z. P.;Zhao,Z. Y.;Liu,Q.;Kou,J. H.;Chen,X. Y.;Gao,J.;Yan,S. C.;Zou,Z. G. ACS Appl. Mater. Inter. 2011,3,3594.

[109]Wang,Z. Y.;Chou,H. C.;Wu,J. C. S.;Tsai,D. P.;Mul,G. Appl. Catal. A 2010,380,172.

[110]Yan,S. C.;Ouyang,S. X.;Gao,J.;Yang,M.;Feng,J. Y.;Fan X. X.;Wan,L. J.;Li,Z. S.;Ye,J. H.;Zhou,Y.;Zou,Z. G. Angew. Chem. Int. Edit. 2010,122,6544.

[111]Yui,T.;Kan,A.;Saitoh,C.;Koike,K.;Ibusuki,T.;Ishitani,O. ACS Appl. Mater. Inter. 2011,3,2594.

[112]Zhao,Z. H.;Fan,J. M.;Wang,J. Y.;Li,R. F. Catal. Commun. 2012,

21,32.

[113] Truong,Q. D. ;Liu,J. Y. ;Chung,C. C. ;Ling,Y. C. Catal. Commun. 2012, 19,85.

[114] Hensel, J. ; Wang, G. M. ; Li, Y. ; Zhang, J. Z. Nano Lett. 2010, 10,478.

[115] Xiang, Q. J. ; Yu,J. G. ; Jaroniec, M. J. Am. Chem. Soc. 2012, 134, 6575.

[116] Mao,J. ;Peng,T. Y. ;Zhang,X. H. ;Li,K. ;Zan,L. Catal. Commun. 2012, 28,38.

[117] Zhang,A. P. ;Zhang,J. Z. J. Alloy. Compd. 2010,491,631.

[118] Liu, K. J. ; Chang, Z. D. ; Li, W. J. ; Che, P. ; Zhou, H. L. Sci. China Chem. 2012,55,1770.

[119] Cao, F. P. ; Ding, C. H. ; Liu, K. C. ; Kang, B. Y. ; Liu, W. M. Cryst. Res. Technol. 2014,49,933.